乙酰辅酶 A 羧化酶
在棉花油分中的功能研究

崔宇鹏　著

四川大学出版社
SICHUAN UNIVERSITY PRESS

图书在版编目（CIP）数据

乙酰辅酶Ａ羧化酶在棉花油分中的功能研究 / 崔宇鹏
著. -- 成都：四川大学出版社，2025.1. -- ISBN 978-
7-5690-7387-4

Ⅰ. S562；Q943.2

中国国家版本馆 CIP 数据核字第 2024W4K132 号

书　　名：乙酰辅酶Ａ羧化酶在棉花油分中的功能研究
　　　　　Yixianfumei A Suohuamei zai Mianhua Youfen zhong de Gongneng Yanjiu
著　　者：崔宇鹏

选题策划：王　睿
责任编辑：王　睿
特约编辑：孙　丽
责任校对：周维彬
装帧设计：开动传媒
责任印制：李金兰

出版发行：四川大学出版社有限责任公司
　　　　　地址：成都市一环路南一段 24 号（610065）
　　　　　电话：（028）85408311（发行部）、85400276（总编室）
　　　　　电子邮箱：scupress@vip.163.com
　　　　　网址：https://press.scu.edu.cn
印前制作：湖北开动传媒科技有限公司
印刷装订：武汉乐生印刷有限公司

成品尺寸：170 mm×240 mm
印　　张：8.25
字　　数：171 千字

版　　次：2025 年 1 月 第 1 版
印　　次：2025 年 1 月 第 1 次印刷
定　　价：78.00 元

本社图书如有印装质量问题，请联系发行部调换

扫码获取数字资源

四川大学出版社
微信公众号

版权所有 ◆ 侵权必究

前　　言

　　棉花是我国重要的经济作物和油料作物。棉籽中含有丰富的脂肪酸和蛋白质,被广泛应用于加工食用油、工业原料和生物柴油。随着 2012 年以来棉花二倍体棉种雷蒙德氏棉、亚洲棉及四倍体棉种陆地棉和海岛棉的基因组图谱发布,在棉花资源鉴定基础上,棉花基因组学和基因功能等学科相继兴起并取得突飞猛进的发展。本书对乙酰辅酶 A 羧化酶在棉花油分中的功能进行深入探讨,为今后研究棉花及其他作物油分的工作者提供参考。

　　全书分为三部分,共 9 章。每一部分内容各有侧重,系统地介绍了 ACCase 在油分代谢中的重要性及相关研究成果。第一部分(第 1～4 章)着重介绍了植物油脂的合成及其重要性。第 1 章概述了研究背景,阐明了植物油脂合成代谢的基本概念及其在农业和工业中的重要性。第 2 章详细介绍了 ACCase 的发现、鉴定、结构、分类、催化机制、在不同生物体中的功能和调控以及 ACCase 基因。第 3 章则聚焦于植物基因组测序和基因家族扩增,展示了植物基因组测序的进展和棉花基因组测序的成果,并分析了基因家族扩增的机制。第 4 章探讨了棉花作为油料作物的相关内容,包括棉籽油分含量、组分、用途,以及棉籽油分与产量、纤维品质性状的关系。第二部分(第 5～7 章)系统地研究了全基因组鉴定棉花 BCCP、BC 和 CTα 基因。第 5 章通过全基因组鉴定棉花 BCCP 基因家族成员,分析了其蛋白多序列比对、进化树及基因结构,并探讨了 BCCP 基因家族成员在棉花中的表达模式和功能。第 6 章重点研究了四个棉种中的 BC 和 CTα 基因家族,分析了其基因的基本特征、分布、同源性,以及在棉花中的表达情况。第 7 章详细介绍了不同油分含量材料中棉花异质型 ACCase 亚基基因的功能研究,分析了不同材料中棉仁含水量、干重及油分含量的变化,以及异质型 GhACCase 亚基基因在棉花中的表达模式。第三部分(第 8～9 章)探讨了过表达异质型 GhACCase 四亚基基因植株的鉴定和功能研究。第 8 章介绍了过表达异质型 GhACCase 四亚基基因植株的鉴定过程及其功能研究,分析了转基因棉花材料的油分含量、农艺性状以及棉仁发育过程中含水量、棉仁形态、干量及油分的变化。第 9 章聚焦于四亚基聚合材料的功能验证,探讨了聚合材料的基本信息、农艺性状,聚合材料棉仁中含水量、形态、干量及油分变化。

各章内容涵盖了概况、特性、原理、方法、进展与前景,系统而全面地介绍了棉花乙酰辅酶 A 羧化酶在油分合成及代谢中的研究成果,提供了丰富的理论和实验数据,为进一步的研究和应用提供了重要参考。

由于时间与经验所限,书中疏漏与不足之处在所难免,望广大读者不吝赐教,随时提出宝贵意见。

著者

2024 年 7 月

目　　录

1 植物油分合成

1.1 概　　述

1.1.1 研究背景

棉花是一种重要的经济作物,在中国和世界经济中占有重要地位。棉籽是棉花生产的主要副产品,其产量为皮棉产量的 $1.5 \sim 2$ 倍[1]。去壳后的棉仁占种子重量的 $55\% \sim 60\%$,其中油分含量占 $30\% \sim 40\%$[2]。棉籽油富含人体必需的脂肪酸,不仅可作为食用油,还可用于生产生物柴油[3]。然而,棉花育种研究主要集中在纤维的产量与品质方面,对棉籽的含油量研究明显滞后。

近年来,随着生物能源和健康食用油需求的增加,棉籽含油量的研究逐渐受到重视。通过育种和基因工程手段,有望提高棉籽油的产量和质量,以满足市场需求。此外,研究还发现,棉籽中的其他成分如蛋白质和抗氧化物具有潜在的营养价值和工业用途,进一步开发利用这些副产品将为棉花产业带来更大的经济效益,促进棉花产业的可持续发展。尽管棉花育种在纤维的产量和质量方面取得了显著进展,但未来仍需加强对棉籽含油量的研究,以全面提升棉花的综合利用价值,促进其在食品和能源领域的应用,推动相关产业的发展。

1.1.2 植物油脂合成代谢及其重要性

油脂合成代谢贯穿植物的整个生命过程,对植物的繁衍和生长发育起着重要作用。植物油脂主要存在于种子中,是人们日常食用油的重要来源。此外,植物油脂还广泛应用于食品加工、饲料加工、制药和生物能源等产业。全球每年约有三分之一的植物油用于制药和化工生产[4]。

植物油脂在各个行业中发挥着重要作用。例如,在食品工业中,植物油脂是许多产品的基础原料;在饲料工业中,植物油脂提供必要的营养成分;在制药和化工行业中,植物油脂被用于生产各种药品和化工产品。特别是近年来,生物能源产业的快速发展进一步提高了植物油脂的需求量。

根据统计数据,从 2009 年到 2015 年,我国植物油的单位面积产量显著提高(表 1-1),这反映了农业技术的进步。然而,尽管产量提高,食用植物油的自给率却下降到了 32%[5]。这表明我国植物油脂生产仍面临巨大挑战,尤其是在满足国内需求方面。要解决这一问题,需要在提高单位面积产量的同时,注重植物油脂的品质改良和生产效率的提升。此外,还需加强植物油脂合成代谢研究,通过育种和基因工程手段,进一步提高植物油脂含量和品质,以满足日益增长的市场需求。

因此,植物油脂合成代谢对植物生长和各行业应用至关重要,未来的研究和生产需要更加关注植物油脂产量和品质的提高,以确保其在各领域的广泛应用和可持续发展。

表 1-1　2009—2015 年我国主要油料作物播种面积与单位面积产量

年份	花生		油菜		向日葵		棉花	
	播种面积 ($10^3 hm^2$)	单位面积产量 (kg/hm^2)	播种面积 ($10^3 hm^2$)	单位面积产量 (kg/hm^2)	播种面积 ($10^3 hm^2$)	单位面积产量 (kg/hm^2)	播种面积 ($10^3 hm^2$)	单位面积产量 (kg/hm^2)
2015 年	4615.70	3561.68	7534.36	1981.68	—	—	3796.69	1475.87
2014 年	4603.85	3579.98	7587.92	1946.81	948.50	2626.70	4222.33	1463.25
2013 年	4632.99	3663.33	7531.03	1919.81	929.90	2606.80	4345.63	1449.5
2012 年	4638.53	3598.46	7431.86	1884.77	888.50	2614.12	4688.13	1458.15
2011 年	4581.44	3502.47	7347.38	1827.26	940.24	2459.75	5037.81	1310.00
2010 年	4527.3	3455.45	7369.65	1775.10	984.02	2335.29	4848.72	1229.42
2009 年	4376.52	3360.64	7277.93	1876.52	959.06	2039.12	4948.72	1288.57

注:数据来源于国家统计局(https://data.stats.gov.cn)。

1.2　植物脂肪酸和油脂合成

1.2.1　植物脂肪酸合成

脂肪酸是植物细胞的重要组成部分。迄今为止,从生物体中已分离出百种以上的脂肪酸。脂肪酸通常是含有 $12\sim22$ 个碳原子及 $0\sim3$ 个双链无支链的混合物[6]，在组织和细胞中，大部分脂肪酸以结合形式存在，极少部分以游离形式存在[7]。它们在形成油脂膜疏水核心、能量贮存及联系其他可溶性蛋白膜的生物学功能中起到关键作用，这些功能对细胞的分化、生长发育至关重要。

脂肪酸合成主要发生在质体中，乙酰辅酶 A 羧化酶（ACCase）和脂肪酸合成酶（FAS）是参与脂肪酸合成的主要酶。脂肪酸合成途径可以概述为以下几个关键步骤：种子胚乳细胞中的蔗糖分子进入胚细胞后，在蔗糖酶作用下形成 6-磷酸葡萄糖（G6P），6-磷酸葡萄糖经过糖酵解途径产生丙酮酸。丙酮酸在丙酮酸脱氢酶催化下形成乙酰辅酶 A（Acetyl-CoA）。乙酰辅酶 A 在乙酰辅酶 A 羧化酶催化作用下形成丙二酰辅酶 A（Malony-CoA）。丙二酰辅酶 A 在脂肪酸合成酶复合物的催化下进行连续的聚合反应，以每次循环增加两个碳的频率来延长酰基碳链。在这一过程中，不断增长的酰基碳链与酰基载体蛋白（Acyl Carrier Protein，ACP）结合，以保护其不被其他酶降解。经过数次聚合反应后，脂肪酸的合成在酰基-ACP 硫酯酶的作用下终止聚合反应。终止聚合后的不同碳链长度的酰基-ACP 在酰基辅酶 A 合成酶的作用下合成酰基辅酶 A，并随后从质体中转运到内质网或胞质中进行其他生物合成[8，9]。

1.2.2 植物油脂合成

油脂合成首先需要在质体中完成脂肪酸的合成，这些脂肪酸随后被转运到胞质中，形成脂酰基池，进而用于内质网中的油脂合成[10]。这一过程中的关键步骤受到多种因素的调控，其中脂肪酸的合成被认为是油脂合成的限制因素[11，12]。

植物油脂主要以三酰甘油（Triacylglycerol，TAG）的形式存在，TAG 由三分子脂肪酸和一分子甘油通过酯键结合生成，其中甘油作为骨架。目前报道的 TAG 合成途径有两种，其中 Kennedy 途径是 TAG 合成的主要途径。Kennedy 途径主要依赖酰基辅酶 A 转移酶，也被称为依赖酰基辅酶 A 的 Kennedy 途径。首先，在甘油-3-磷酸酰基转移酶（GPAT）催化下，将酰基辅酶 A 上的脂肪酸转移到 3-甘油磷酸（G3P）的 sn-1 位置，生成溶血磷脂酸（LPA）；接着，在溶血磷脂酸酰基转移酶（LPAAT）催化下，将酰基辅酶 A 的脂肪酸转移到 LPA 的 sn-2 位置上，生成磷脂酸（Phosphatidic Acid，PA）；随后，在磷脂酸磷酸酶（Phosphatidic Acid Phospho-hydrolase，PAP）催化下，PA sn-3 位置上的磷酸被脱去，生成二酰甘油（Diacylg-lycerol，DAG）；最后，在二酰甘油酰基转移酶（Diacylglycerol Acyltransferase，DGAT）催化下，DAG 的 sn-3 位置发生酯化，最终生成 TAG[9，13，14]。

在 TAG 合成过程中，GPAT 对酰基链的选择性很低，而 LPAAT 在植物中偏爱不饱和酰基链[15]，只有 DGAT 对 TAG 的合成具有高度特异性。另一种合成

TAG 的途径是以磷脂为酰基供体,DAG 为受体。在二酰甘油酰基转移酶(PDAT)催化下,将磷脂胆碱(PC)sn-2 位置的酰基转移到 DAG 上,从而生成 TAG[16]。TAG 所含的三个脂肪酸决定最终形成的是饱和脂肪酸还是单不饱和脂肪酸或多不饱和脂肪酸。

研究表明,油脂的生物合成与代谢涉及许多相关基因、酶和转录因子,油脂合成需要这些因子的协同表达。同时,质体、内质网、细胞质等亚细胞器之间需要进行有序反应和转运[17]。植物种子中脂肪酸种类繁多,生成的 TAG 可通过各种排列组合产生多种多样的脂类。当不饱和脂肪酸的比例较大时,油脂在温室状态下会以液态形式存在,例如棉花,其油脂中不饱和脂肪酸所占比例较大[18],因此在温室条件下以液态形式存在;而饱和脂肪酸较多时,油脂在温室条件下则以固态形式存在。

1.2.3 TAG 合成的未来研究方向与应用前景

植物油脂的合成机制不仅对基础生物学研究具有重要意义,还具有广泛的应用前景。在农业生产中,通过基因工程手段调控关键酶的表达水平,可以显著提高油料作物的油脂含量,增加经济效益。例如,过表达的 ACCase 和 FAS 基因能够提高油料作物的油脂含量,这对于满足日益增长的油脂需求具有重要意义。

此外,调控脂肪酸代谢还可以增强植物对环境胁迫的耐受性。例如,增加不饱和脂肪酸的含量可以提高植物对低温的耐受性,从而改良作物的适应性和稳定性。

生物能源的开发也是植物油脂研究的重要方向。脂肪酸是生物柴油的重要原料,通过提高植物油脂的产量和品质,可以促进生物能源的发展,减少对化石能源的依赖。

未来的研究应继续关注脂肪酸代谢的调控机制,探索新的基因工程方法,以实现农业生产和环境保护的双重目标。同时,应加强对 TAG 合成途径中各关键酶的结构和功能研究,揭示其作用机制,为油脂生物合成的调控提供理论基础。通过多学科交叉研究,结合分子生物学、基因工程和生物信息学的手段,深入解析植物油脂合成的调控网络和代谢通路,推动植物油脂合成研究的持续进展。植物油脂的合成与调控是一个复杂而重要的生物过程。深入研究其分子机制和生物学功能,不仅可以提高农作物的油脂含量和品质,还可以为环境保护和能源开发提供新思路和新方法。未来的研究和应用将进一步揭示植物油脂合成的奥秘,为农业和工业发展带来新的启示。

2　乙酰辅酶 A 羧化酶

乙酰辅酶 A 羧化酶(ACCase)是脂肪酸生物合成的关键酶,是碳流进入脂肪酸生物合成的重要调控位点[19]。在生物体中,ACCase 催化乙酰辅酶 A(Acetyl-CoA)羧化生成丙二酰辅酶 A(Malonyl-CoA)[20],为脂肪酸和许多次生代谢物的合成提供底物[21]。到目前为止,在动物、植物和微生物中都有关于 ACCase 的分子生物学研究,主要集中在 ACCase 的结构功能、表达调控和基因工程方面。

2.1　ACCase 的发现与鉴定

2.1.1　ACCase 的发现

研究发现,菠菜中的 ACCase 与大肠杆菌(E. coli)中的该酶相似,可以分离成三部分[22, 23]。从植物中纯化出的 ACCase 蛋白与小鼠和酵母中的同质型 ACCase 蛋白类似,推测植物中存在两种类型的 ACCase:一种是位于质体中的异质型 AC-Case,另一种是位于胞质中的同质型 ACCase[24]。然而,当时从植物中纯化出的 ACCase 蛋白均是同质型的,直到 1993 年后,才有证据逐渐表明异质型 ACCase 存在于植物中。在地钱[25]和烟草[26]叶绿体基因组测序完成后,研究者发现了约 30 个功能未知的开放阅读框(Open Reading Frame, ORF)。通过试验推测每个 ORF 的功能,初步推测光应答的基因可能是光合作用基因,对光无应答的基因可能对质体存活有重要作用。研究者以烟草基因组的各种 ORF 片段为探针,在豌豆幼苗中发现了一些对光无应答的基因,如 ORF590 基因的表达对光无应答。随后,通过抗体检测,从豌豆叶绿体中提取出一个与抗体反应的肽链[27],该抗体能共沉淀 2~4 个多肽链,表明基因产物是由几个亚基组成的可溶性复合物。

2.1.2　ACCase 的鉴定

研究者在水稻质体基因组中发现一个 ORF590 基因短的部分序列[28],但在小麦中却没有发现其同系物[29]。在大肠杆菌中发现了水稻 *ORF590* 基因的同系物，并命名为 *dedB* 基因，但后来发现从大肠杆菌中纯化出的 CTβ 亚基的氨基酸序列与推测的 dedB 序列一致，因此重新命名为 *accD* 基因[30]。研究者发现，与豌豆中发现的 *ORF590* 基因相结合的抗体能够抑制豌豆质体中可溶性 ACCase 的活性，并共沉淀异质型 ACCase 中的生物素包含蛋白，从而证明质体中确实存在异质型 ACCase[27]。

在禾本科中，研究者对这个问题同样也做出了回答。小麦中缺失 accD 亚基的编码基因，所以没有异质型 ACCase 基因，但其质体和胞质中都是同质型 ACCase。同样水稻的质体和胞质中均为同质型 ACCase，然而非禾本科植物的单子叶植物含有 accD 亚基和 BCCP 亚基[31]，所以其质体内含有异质型 ACCase。推测禾本科植物中无 accD 亚基的可能假设有两种，其中一种假设认为同质型 ACCase 上由于偶然机会添加了一个转运肽，并转运到质体中发挥重要作用，从而造成异质型 ACCase 丢失。有研究表明，禾本科植物中无异质型 ACCase 正好可以解释除草剂敏感的起源，如已知与 ACCase 相关的几种禾本科植物特有的除草剂标靶[32]。这也解释了为何只有禾本科植物能被这些除草剂杀死，而非禾本科植物不会被杀死。这类除草剂的本质机制是抑制同质型 ACCase 蛋白的活性，从而阻断禾本科植物中脂肪酸的合成，致使禾本科植物死亡；而非禾本科植物中异质型 ACCase 的活性没有受到抑制，仍可以合成脂肪酸[33]。

2.2 ACCase 的结构与分类

ACCase 是油脂合成代谢途径的关键酶，属于生物素包含酶，存在于大多数生物体中，包括细菌、古菌、真菌、植物、动物和人类[34]。目前报道的 ACCase 有四种类型，即同质型 ACCase（Homomeric，ACCase Ⅰ）、异质型 ACCase（Heteromeric，ACCase Ⅱ）、第三类 ACCase（α 亚基由 BC 和 BCCP 功能域组成，β 亚基由 CT 功能域组成）和第四类 ACCase（BC 和 BCCP 各组成一个亚基，第三个亚基由 CT 功能域组成），如图 2-1 所示。

ACCase Ⅰ，也称为真核型 ACCase，是一条包含 BC（Biotin Carboxylase）、BCCP（Biotin Carboxyl Carrier Protein）和 CT（Carboxyltransferase）的多肽链。研究发现 BC 和 BCCP 各形成一个功能域，CTα 和 CTβ 形成一个功能域[20]。大多数植物胞质、酵母、动物中的 ACCase 均属于 ACCase Ⅰ[20]，禾本科植物的质体和胞质中的 ACCase 也属于 ACCase Ⅰ，但有研究表明禾本科单子叶植物质体和胞质中的 ACCase Ⅰ 是两类不同的蛋白，如小麦质体和胞质中 ACCase Ⅰ 的氨基酸序列仅有 67％ 的同源性[35]，却与玉米质体中该蛋白的氨基酸序列有更高的同源性[36]。有活性的 ACCase Ⅰ 呈现出同型二聚体状[37]，且不同生物来源的 ACCase Ⅰ 具有相同的组织结构形式(NH₂—BC—BCCP—CT—COOH)[38]。

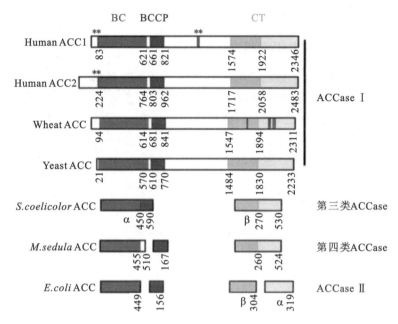

图 2-1　ACCase 的分类(根据文献[39]中图稍作修改)

ACCase Ⅱ 也称为多亚基或原核型 ACCase，存在于细菌、双子叶植物及非禾本科单子叶植物质体中[40, 41]。ACCase 在植物中的分布和定位也有例外，如油菜质体中同时含有 ACCase Ⅰ 和 ACCase Ⅱ[42, 43]。ACCase Ⅱ 由生物素羧化酶(BC)、生物素羧基载体蛋白(BCCP)以及羧基转移酶(CT)的 2 个亚基 CTα 和 CTβ 等 4 个亚基组成，其中前两个亚基分别组成 BC 和 BCCP 域，后两个亚基构成 CT 催化域。ACCase Ⅱ 推测的分子形式可能是(BCCP)₄(BC)₂(CTα)₂(CTβ)₂，有活性的 ACCase Ⅱ 中 BC 和 BCCP 亚基以同型二聚体状态存在，CTα 和 CTβ 亚基以异型二聚体状态存在，这些亚基结合在一起形成 ACCase Ⅱ 全酶，但分离纯化出的该酶易解离成各种不同的形式。

天蓝色链霉菌和谷氨酸棒状杆菌中发现的 ACCase 由 α 和 β 两个亚基组成[44, 45]，其中 α 亚基由 BC 和 BCCP 功能域组成，β 亚基由 CT 功能域组成，该种酶被定义为第三类 ACCase。

在古细菌中发现的 ACCase 由三个亚基组成，BC 和 BCCP 各组成一个亚基，第三个亚基由 CT 功能域组成[46]，这种组成类型的 ACCase 被定义为第四类 ACCase。

2.3 ACCase 的催化机制与功能

2.3.1 ACCase 的催化机制

在生物体中,ACCase 催化乙酰辅酶 A 生成丙二酰辅酶 A 的反应由两步完成(图 2-2)。首先,在 BC 域的催化和 ATP 的参与下发生生物素羧化作用,使蛋白结合的生物素辅基羧化;然后,在 CT 结构域的催化下,将羧基从羧基生物素转移到乙酰辅酶 A 上,形成丙二酰辅酶 A[20]。ACCase 是脂肪酸合成的关键酶和限速酶,在不同生物体中产生的丙二酰辅酶 A 可用于不同的反应。

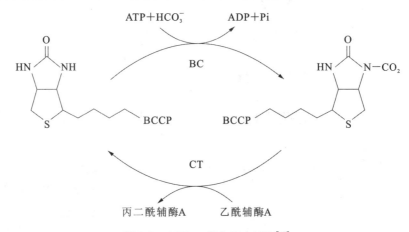

图 2-2 ACCase 催化反应过程[47]

注:ATP 是一种高能磷酸化合物,在细胞中,它与 ADP 的相互转化能实现贮能和放能,ATP 水解成 ADP＋游离磷酸基团＋能量,从而保证细胞各项生命活动的能量供应。

植物中 ACCase Ⅰ 定位在细胞质中,产生的丙二酰辅酶 A 用于合成 C20 以上的脂肪酸及黄酮类化合物、芪类化合物、丙二酸以及丙二酸单酰衍生物的前体;而 ACCase Ⅱ 定位在质体中,主要用于脂肪酸的从头合成,是产生 C16 和 C18 脂肪酸的前体[48]。

2.3.2 ACCase 在不同生物体中的功能和调控

植物 ACCase 的表达与活性受代谢产物的反馈调节。Shintani 和 Ohlrogge 发现将外源脂肪酸添加到烟草悬浮细胞培养物中,ACCase Ⅱ 活性受到抑制,导致脂肪酸合成速度下降[49]。微生物中的 ACCase 包括上述 4 种类型的 ACCase。大量研究表明,ACCase 对微生物的生长和脂肪酸合成、代谢均发挥着重要作用。如 Sasaki 等研究发现,酵母中缺失 ACCase 对生物组织是致命的,但缺失脂肪酸合成酶(FAS)时,只要在培养基中添加必需脂肪酸,生物组织依然可以存活[50]。Meades 等研究发现,在大肠杆菌中,ACCase 亚基的翻译受到 CT 亚基与其自身 mRNA 结合的调控,在 CT 亚基足够的情况下,产物会通过反馈调节来调控转录本,从而抑制 ACCase 蛋白合成[51]。

2.4 植物中 ACCase 基因研究概况

2.4.1 植物中 ACCase 基因的分离与克隆

ACCase 的活性在一定程度上影响植物中脂肪酸的合成速度及油分含量[52]。植物 ACCase II 中 BC、BCCP 和 CTα 等三个亚基基因由核基因组编码[53],CTβ 亚基基因由叶绿体基因组编码[54]。近年来,关于植物中 ACCase 的研究较多,并在豌豆[27]、烟草[55]、拟南芥[56-59]、油菜[38, 42]、大豆[54]、棉花[60]、花生[41]、麻风树[61]、油茶[6, 62]、油桐[63, 64]、甜椒[65]等物种中分离并克隆出同源基因。有文献报道,在中棉所 35 材料中克隆出 GhACCase II 的四个亚基,其中 GhBCCP 亚基有 2 个,核基因编码的三个亚基在各个组织中均有表达,同时 Southern 杂交结果表明棉花中 BCCP、BC 和 CTα 亚基存在多个拷贝[60]。拟南芥种子发育过程中,ACCase II 的四个亚基转录水平呈摩尔比守恒[58],拟南芥 ACCase II 中有两个 BCCP 亚基基因,*AtBCCP1* 在所有组织中均有表达,而 *AtBCCP2* 在种子发育阶段表达量较高[59]。

2.4.2 ACCase 基因的遗传转化

大量研究表明,通过遗传转化 ACCase II 能够显著改变油分含量。Davis 等研究发现,将大肠杆菌编码的 ACCase 四个亚基克隆到 T7 启动子控制的单质粒中,可以诱导 ACCase 四个亚基等量表达,使该蛋白过量表达,从而提高其酶活性,提高胞质内丙二酰辅酶 A 含量[66]。此外,通过检测一种硫酯酶含量来指示过表达 ACCase 对脂肪酸合成速度的效应,结果发现过表达 ACCase 可使脂肪酸合成速度提高 6 倍。在马铃薯块茎造粉体中过表达拟南芥 ACCase I,可促进转基因马铃薯中脂肪酸合成,使 TAG 含量提高 5 倍[67]。刘正杰等构建了种子内特异表达 ACCase II 四个亚基基因的过表达载体,转化拟南芥,并获得拟南芥转化株,以期提高种子油分含量[52]。Lü 等从拟南芥 MES 群体中分离并鉴定出一个拟南芥 *gsd1* 突变体(同质型 ACCase 的等位基因),该基因突变体并不会引起种子成熟或早期萌发阶段的死亡,但在长链脂肪酸(C20 或更长链的脂肪酸)中的作用与表皮蜡层和油脂相关。转录组数据结果表明,该基因对脂质代谢网络的影响有限,但在环境胁迫响应的代谢通路中有显著效应,在衰老和乙烯合成中的效应尤为显著[68]。此外,研究结果还表明,胞质丙二酰辅酶 A 衍生的脂质在胁迫响应信号中可能有重要作用。

在棉花中过表达 ACCase Ⅱ四个亚基基因的研究结果发现,分别过表达 *GhB-CCP1*、*GhBC1* 和 *GhCTβ* 基因的转基因棉花可显著提高棉籽油分,而过表达 *GhCTα* 基因后,棉籽油分提高量未达到显著水平[69]。ACCase Ⅱ为多亚基型 AC-Case,对这四个亚基同时进行表达定位,并组装成一种有活性的全酶结构难度较大[34],因此研究者对 ACCase Ⅱ四个亚基分别进行研究。例如,Madoka 等通过同源重组方法将质体 rrn 启动子代替 *accD* 的启动子,并构建载体转化烟草,结果表明,过表达 *accD* 基因能提高烟草质体中总 ACCase 水平,增加叶片中脂肪酸含量,烟草转化株的叶片寿命变长,种子产量也较对照组增加 2 倍[70]。Kode 等通过同源重组方法用 *aadA* 突变等位基因替换掉烟草中 *accD* 基因,致使烟草转化株的叶片出现部分变白或叶片减少或无表型。这表明 *accD* 基因对植物叶片的生长起至关重要的作用[71]。Bryant 等研究发现,拟南芥质体中 *accD* 基因缺失会造成胚死亡现象,而在玉米或油菜中,质体缺失 *accD* 基因并不会造成胚死亡,可能是由于该基因的复制基因补偿了缺失 *accD* 基因质体所丧失的功能[72]。Thelen 和 Ohl-rogge 分析了 38 个独立反义 BCCP2 基因的拟南芥株系(反义 BCCP2 是在组成型启动子下启动),结果表明,该基因反义转录水平虽高度表达,但表型无明显变化。在发育的种子中,该基因的蛋白表达量平均减少 38%,导致成熟种子中脂肪酸含量平均减少 9%。反之,过表达由种子特异启动子 Napin 启动的 BCCP2 基因,其蛋白含量在发育的种子中平均增加 2 倍,但过表达 BCCP2 基因的 T2 代拟南芥株系脂肪酸含量较野生型下降 23%。在过表达转化株果荚中发现,非生物化的 BC-CP2(apo-BCCP2)占总质体 BCCP2 蛋白的 60%,ACCase Ⅱ的其他三个亚基积累并未受到影响,但种子中 ACCase 的活性仍下降了 65%[73]。Li 等通过 T-DNA 插入等位基因的方法完全敲除拟南芥中 BCCP2 亚基基因,结果发现植株生长、发育和脂肪酸积累并不受影响。相反,完全敲除 BCCP1 亚基基因则会造成胚致死,严重影响花粉管发育与萌发。BCCP1 蛋白积累量减少 35%,脂肪酸积累减少,严重影响植株的营养吸收与生长。研究还发现,BCCP2 基因的表达受限于 BCCP1 基因表达部位,前者表达水平仅为后者的 1/5。推测可能是 BCCP1 蛋白能够补偿缺失的 BCCP2,而 BCCP2 无法补偿缺失的 BCCP1,导致植物正常生长发育所需的 ACCase Ⅱ活性不足[74]。

综上所述,ACCase 的活性在一定程度上影响植物中脂肪酸的合成速度及油分含量。通过对 ACCase 基因的分离、克隆及其遗传转化研究,可以显著提高油分含量,为植物油脂生产提供重要的理论依据和技术支持。这些研究为未来改良油脂植物和开发新型油脂作物提供了坚实的基础。

3　植物基因组测序与基因家族进化

3.1　概　　述

  植物全基因组测序是通过基因组学方法揭示植物的遗传图谱及在群体水平上个体间基因的差异变化,这些数据为植物基因水平的深入研究奠定坚实基础[75]。起初,由于大多数植物为多倍体,基因组较大,具有高度重复序列和全部或部分基因组重复片段[76,77]而无法使用传统的 Sanger 法(双脱氧测序法)和二代测序技术完成测序。后来随着测序技术的发展和成本的降低,越来越多的植物基因组序列被揭示,相关研究取得许多成果。双子叶模式植物——拟南芥全基因组序列测序的完成(Arabidopsis Genome Initiative,2000),拉开了植物全基因组测序研究的序幕,且拟南芥基因组注释是目前已完成基因组测序的植物中最完整的。随后,水稻品种日本晴(粳稻)和 9311(籼稻)的全基因组序列测序完成[78,79],为其他植物注释基因的研究和直系基因的研究奠定基础。研究者从基因组水平上对物种的生长发育、进化和起源等问题进行分析,为增进对物种的认识、加快新基因发现和物种改良速度,及其他植物基因组测序铺平道路[80]。2009 年,玉米(B73 品种)基因组序列测序完成[81],这是当时测序植物中基因数量最多的植物,其包含 10 对染色体,约 3.2 万个基因,23 亿个碱基。在后来的十几年间,大豆、蓖麻、可可树、棉花等 70 余种植物的基因组测序工作陆续完成,将植物生长、发育过程的研究从生理生化机制上升到基因分子水平,为科研人员理解基因的结构、功能、调控和进化提供了全新的视野[75]。

3.2　棉花基因组测序

棉花是锦葵科、棉属植物,共包括 46 个二倍体棉种和 5 个已经确认的四倍体棉种[82],是研究多倍体基因组进化、解析棉籽油份积累和脂肪酸合成机制的重要模式植物,因此棉花全基因组测序尤为重要。棉属的 2 个二倍体棉种(雷蒙德氏棉,D5;亚洲棉,A2)和 2 个异源四倍体棉种(陆地棉,AD1;海岛棉,AD2)的全基因组序列已先后完成测序[83-89],这将极大推动棉花功能基因组学的研究,促进高产、优质、抗逆及抗病等重要性状的分子机制研究,以及遗传改良和杂种优势的研究;同时为阐述棉花起源、进化及揭示二倍体、四倍体及多倍体物种形成过程奠定基础。

3.2.1　二倍体棉种的测序

二倍体棉种被认为在 500 万～1000 万年前起源于同一个祖先,随后分化成 8 个基因组(A、B、C、D、E、F、G、K);其中 A、B、E 和 F 基因组起源于非洲和亚洲,D 基因组起源于美洲,C、G 和 K 基因组来源于澳大利亚[90]。

3.2.2　四倍体棉种的测序

四倍体棉种被认为是由二倍体 A 基因组和 D 基因组的祖先在 100 万～200 万年前通过种间杂交和随后的多倍化事件形成的[91],且亚洲棉和雷蒙德氏棉被认为是最接近四倍体棉花祖先的二倍体种的现存亲本。A2 基因组棉种是栽培种,起源于亚洲大陆的最古老的栽培棉种,它能够在干旱和炎热的环境中生长,具有很强的抗胁迫能力,遗传稳定性高,是很好的育种资源[92,93]。D5 基因组棉种是野生种,不能产生可纺织的纤维。尽管雷蒙德氏棉和亚洲棉被认为是异源四倍体 A 和 D 基因组的供体材料,但四倍体棉种的植株形态学和农艺性状,包括纤维产量、油分含量和病害抗逆性,有很大区别。基因组测序结果表明,亚洲棉与雷蒙德氏棉基因组中基因数目虽差别不大,分别包含 41330 个和 40976 个蛋白编码基因,但亚洲棉基因组在进化过程中出现更大规模的反转录转座子插入,导致其基因组长度(1746 Mb)几乎是雷蒙德氏棉基因组长度(885 Mb)的 2 倍[85]。另外,高分辨率遗传图谱分析结果发现,亚洲棉基因组中 90.4% 的序列与雷蒙德氏棉基因组中 73.2% 的序列可以精确定位到各自的 13 条染色体上;基因家族分析显示,93.9%～95.2% 的基因家族是这 2 个棉种所共有的,说明这 2 个棉种基因组的基因簇极为保守。

陆地棉因其耐干旱、耐盐碱、高产、优良的纤维和棉籽品质特性而被广泛种植,其产量占棉花总产量的 90％以上,不仅具有重要的经济价值,也是世界上最重要的纤维作物和多倍体模式作物[87]。TM-1 基因组测序[86, 87]结果显示,陆地棉基因组全长 2173 Mb,覆盖全基因组的 89.6％～96.7％,包含 76493 个蛋白编码基因,其中 66.05％的序列由转座子组成,主要是长末端重复的反转录转座子。

3.3　基因家族扩增

比较基因组学是在比较作图和 DNA 测序基础上对已知基因的数量、排列顺序和基因组结构进行比较,了解基因功能、表达机制和物种进化的一门科学[94],其分子基础是物种间 DNA 序列的保守性。比较基因组学通过对已知的基因组信息进行比较分析,来预测其他基因组信息未知的物种的信息,这样不仅可以指导作物的遗传改良,同时也可以揭示基因作用的遗传机理。研究基因间的关系是比较基因组学中一个重要的研究方向,基因间关系可用同源类似家族系统来说明,该系统包括直系同源基因和旁系同源基因。直系同源基因是于 1970 年由 Walter Fitch 提出的,它指存在于不同物种中,但从共同祖先基因进化而来的同源基因,通常具有相同或相似的基因功能;旁系同源基因是存在于同一物种中由基因复制而分离的同源基因,这些基因或者功能相似,或者功能分化,也有可能变成假基因[95-97]。运用比较基因组学鉴定和分析某个基因家族成员及进化情况,是近几年来比较热门的研究方向。

基因家族是指在基因进化过程中,由一个祖先基因通过基因复制产生两个或多个拷贝,从而发生分化的一组基因。基因家族通过基因复制进行物种特异性扩增,而基因复制主要有三种方式:染色体片段复制、串联复制和反转录转座等[98, 99]。

3.3.1　染色体片段复制

染色体片段复制是一种大规模染色体倍增的过程,一次性就能增加一个物种所有基因的剂量,因此,这种复制是一大片区域中所有基因的复制[100]。例如,棉属二倍体测序结果表明,棉属不仅经历了双子叶植物共同发生的两次全基因组复制事件,之后还经历了一次棉属特有的全基因组复制事件[85];Han 等在全基因组鉴定大豆 *JmjC* 基因家族时发现 16 对复制基因对是通过约 1300 万年前大豆属的一次特有的全基因组复制事件获得的[101]。由此可见,染色体片段复制在许多基因家族的扩增中起着非常重要的作用。针对单个基因家族来说,片段复制在一些基因家族的物种特异性扩增中起着重要作用。如雷蒙德氏棉基因组中 *CDPK* 基因家族的扩增主要是通过片段复制的方式[102]；雷蒙德氏棉中 *TCP* 基因家族也主要是以片段复制方式进行扩增[103]。西红柿基因组中 *CML* 基因家族中鉴定出 52 个 *CML* 成员，其中有 24 个成员为片段复制基因[104]。小麦（中国春）基因组中 *GAP-DH* 基因家族的扩增主要是全基因组片段复制和片段复制来共同作用的[105]。

3.3.2　串联复制

串联复制常发生在染色体重组区域，常常紧密排列在同一条染色体上，形成一个基因簇。如研究者发现水稻第 2 号和第 6 号染色体上分别存在 311 和 957 对串联复制基因[106]。同时一些研究也发现染色体片段复制和串联复制对基因家族的扩增共同起作用[107-111]。如 Yin 等在大豆中鉴定出 133 个 *WRKY* 基因，其中 18 个基因属于串联复制基因，102 个染色体片段复制基因中有 91 个基因起源于全基因组复制[109]；Zhang 等在大豆中鉴定出 61 个 *HSP70* 基因，其中有 4 对基因属于串联复制基因，19 对基因染色体为片段复制基因[111]。

3.3.3　反转录转座

反转录转座是将已经转录和剪切的 mRNA 再经过逆转录过程形成 cDNA，然后随机插入染色体的某一个位置形成新基因的过程[112]，其形成的重复基因由于含有 polyA 尾、缺少内含子、缺少必要的调控序列，通常都是假基因[113]。然而，有一些研究发现反转录转座可形成有功能的基因[98, 112, 114]。

4　棉花作为油料作物的研究

4.1　棉籽油分含量、组分及棉籽油用途

4.1.1　棉籽油分含量和组分

棉花是重要的经济作物和油料作物,其中棉纤维是纺织行业最重要的原材料。长久以来,其纤维品质[115-117]和产量[118, 119]备受关注和研究,而棉籽作为棉花生产过程中的重要副产品,未受到重视。研究表明,棉仁质量约占棉籽的60%,棉籽壳约占30%,剩余10%为棉短绒[120]。棉籽油分含量范围为28.24%～44.05%,不饱和脂肪酸为主要成分[121],约占棉籽油总含量的73%[2],其中亚油酸(C18：2)的含量可达54%,油酸(C18：1)的含量占18%,亚麻油酸(C18：3)的含量约占1%[122]。棉籽油用途广泛,如生产食用油、工业原材料、肥皂和化妆品。提高棉籽油分含量和改良脂肪酸组分是棉花高油育种工作的主要目标之一。

目前,对棉籽油分含量和组分变化的研究还局限在成熟种子上[122-125]。例如,韩智彪建立了有效测定棉籽油分含量的近红外模型,并以鄂抗棉9号和鄂杂棉10号为材料,分析棉株不同部位的棉籽油分含量差异,发现棉株横向方位同一果枝中部节位的棉籽油分含量最高,其次是内围、外围;纵向上,随着棉株果枝数增加,棉籽油含量逐渐提高,并达到显著水平;连续三年对31份棉籽材料进行油分测定,结果表明,随着贮存时间延长,棉籽油分含量整体呈现升高趋势,但升高幅度不大。对长江流域种植的53份棉花品种的油分测定结果显示,该流域棉籽油分含量为24.88%～37.06%,平均值为28.05%,其中棉籽油分含量在26%～30%的棉花品种居多,而油分含量超过36%的高油材料仅有1份[125]。刘正杰构建种子特异启动子启动的 *GhPEPC* 基因干涉载体,并通过花粉管通道法转化棉花,半定量 RT-PCR 结果表明该基因的表达量显著降低,证实该基因的干涉结构可有效抑制目的

基因的表达；测定 GhPEPCase 酶活性结果表明，转基因棉株中该酶的活性显著下降；同时 T₁ 代转基因棉株种子油分含量也能显著提高[126]。李敬文构建 35S 启动子启动的 *GhPEPC* 基因干涉载体，并通过农杆菌介导法转化 YZ1 棉花品种，T₂ 代棉花转化株的总油分含量比对照组提高 0.7％～11.0％[120]。商连光等对 784 份棉花种子进行油分含量测定并建立模型，模型测定的棉籽油分含量变化在 24.77％～37.94％，变异系数为 7.93％[122]。然而，种子发育过程中油分积累变化及脂肪酸组分变化的报道较少[3, 123, 127-129]。马建江等对徐州 142 和其突变体棉仁发育的 5 个时期进行脂肪酸含量测定，同时对棉胚珠发育－3 天到成熟期阶段的脂肪酸组分进行分析，结果表明油分含量逐渐积累，在棉籽发育过程中先后有 8 种脂肪酸组分出现，且成熟种子中油酸和亚油酸是重要组分，其含量占总脂肪酸含量的 72％[3]。由此可见，建立棉籽油分测定新模型能够对棉籽油分含量进行快速评估，通过基因工程手段提高棉籽油分含量，改良棉籽油分组分，可为探索棉花油分代谢遗传基础，培育高油、高品质的棉花品种，增加棉籽油产量，降低其价格的道路奠定基础。

4.1.2　棉籽油的用途

棉籽中富含脂肪和蛋白质，被广泛用于食用油、工业原料和动物饲料生产等[100]。另外，棉籽油脂肪酸碳链长度 99％集中在 C16 和 C18，和柴油成分相似，转化成生物柴油的转化率超过 95％，这使得棉籽油成为理想的生物柴油原料。而且棉籽油富含人体所需的脂肪酸，且不饱和脂肪酸（如油酸、亚油酸等）含量接近 80％[124]，使得棉籽油具有较强的抗氧化能力。此外，棉籽油中富含维生素 E，其是一种抗氧化剂，可抑制细胞衰老及降低心脑血管疾病的发生概率。

4.2　棉籽油分含量与产量、纤维品质性状的关系

4.2.1　棉籽油分 QTL 定位研究

棉籽油分、棉花产量和纤维品质都属于数量性状，其表现型是基因型与环境互相作用的结果，通过对这些数量性状进行 QTL（数量性状基因座）定位（一种统计分析方法，用于识别控制数量性状的基因在基因组中的位置），估算 QTL 贡献率，分析它们的遗传方式并进行相关性分析，从而间接提高棉花育种中对这些性状的选择效率。如 Liu 等在渝棉 1 号和 T586 的 F2：7 重组自交群体中检测到 43 个与营养品质相关的 QTL，这些 QTL 中有 12 个与油分含量相关，且有 3 个 QTL 标记

在两个环境中稳定存在。随后又对遗传图谱进行加密,并检测到 15 个与油分含量相关的 QTL,可解释 3.9%～42.8% 的油分含量表现型变异,且有 4 个 QTL 是稳定存在的[130]。Yu 等用包含 146 个株系的 BIL 群体(回交自交系群体)构建了一张连锁图谱,其中包含 42 个与棉籽品质性状相关的 QTL,17 个与油分含量相关的 QTL[131]。刘小芳用棉花 RIL 群体(重组自交系群体,是利用 F_2 群体中的单株进行连续自交直到 F_6～F_8 代,每个 F_2 单株形成一个家系,这些家系即组成重组自交系群体)检测到 8 个控制油分含量的 QTL,这些 QTL 可解释 5.42%～13.15% 的油分含量表型变异[132]。何林池等用两个陆地棉 F_2 群体检测到 1 个位于 12 号染色体的油分相关 QTL,通过复合区间作图进一步检测到 2 个与油分含量相关的 QTL,贡献率分别为 9.21% 和 12.01%[133]。Shang 等通过构建的 RIL 和回交群体①在三个环境下对产量、纤维品质、株高、籽指和棉籽油分含量分别进行了 QTL 定位,获得许多控制不同 QTL,且这些 QTL 存在一因多效,其中在 SWU20913-Gh260 区间存在一个能同时控制油分、籽指、单铃重、衣分和纤维长度的 QTL,推测该 QTL 很可能与油分合成相关联[117, 119, 121, 134-136]。由此可见,对棉花中油分性状进行 QTL 定位,将为改良和提高棉籽油分研究奠定良好基础。

4.2.2　棉籽油分含量与产量、纤维品质性状的遗传相关性

分析棉籽油分含量与产量、纤维品质性状的遗传相关性,为棉籽油分、产量和品质的改良提供重要指导。有研究表明,棉籽油分含量与产量性状有显著或不明显的正相关关系[137];与籽指间存在加性负相关或加性相关;与纤维品质间存在正相关或相关性不大[138],提高油分含量也会在一定程度上改良纤维品质性状[136, 139];过表达 *GhWRI1* 和 *GhDOf1* 基因可显著提高棉花籽指,对纤维品质性状无显著影响,而衣分相对减少[126]。因此在以提高棉籽油分为育种目标时,也有可能选育到高产优质的棉花品种。

---

① 回交是一种特殊的杂交方式,指的是将杂交获得的子一代(F_1)再与两个亲本之一进行杂交,形成的群体为回交群体。

5 全基因组鉴定棉花 BCCP 基因

　　在植物油脂合成和调控过程中,涉及众多酶基因和调节基因的协同表达,这些酶基因和调节基因主要参与油脂合成代谢的三个阶段,即脂肪酸合成、三酰甘油的合成和油体形成(图 5-1)。第一阶段,质体中的 ACCase 催化乙酰辅酶 A 生成丙二酰辅酶 A,随后脂肪酸合成酶(FAS)催化循环的聚合反应,每次循环酰基碳链增加2 个碳,最后在酰基-ACP 硫酯酶(FAT)催化下将脂肪酸从 ACP 中释放出来,自由

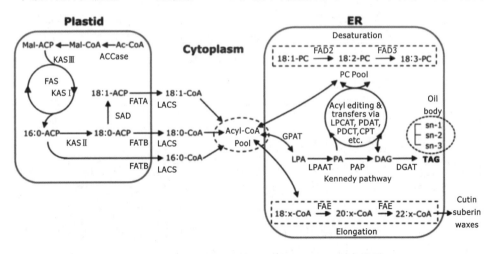

图 5-1　植物细胞内脂肪酸和三酰甘油合成示意图[140]

注:plastid:质体;cytoplasm:细胞质;PA:磷脂酸;ER:内质网;ACCase:乙酰辅酶 A 羧化酶;ACP:酰基载体蛋白;CPT:胞二磷酸胆碱;DAG:胆碱磷酸转移酶;Mal-ACP:丙二酰酰基载体蛋白;Mal-CoA:丙二酰辅酶 A;Ac-CoA:乙酰辅酶 A;KAS:酮脂酰-ACP 合成酶;FATA:酰基-ACP 硫脂酶(18∶1);FATB:酰基-ACP 硫脂酶(16∶0,18∶0);LACS:长链乙酰辅酶 A 合成酶;Acyl-CoA Pool:乙酰辅酶 A 库;FAD2:△12脂酰基去饱和酶(dn-2 PC);FAD3:△15 脂酰基去饱和酶(dn-2 PC);FAE:脂肪酸延长酶复合物;FAS:脂肪酸合成酶;PDCT:磷脂酰胆碱甘油二酯胆碱磷酸转移酶;SAD:△9 硬脂酸-ACP 去饱和酶;GPAT:甘油-3-磷酸酰基转移酶;LPA:溶血磷脂酸;LPCAT:溶血磷脂酸胆碱酰基转移酶;LPAAT:溶血磷脂酸酰基转移酶;PAP:磷脂酸磷脂酶;DAG:二酰甘油;DGAT:二酰甘油酰基转移酶;TAG:三酰甘油;oil body:油体;cutin suberin waxes:角质蜡脂。

脂肪酸在长链酰基辅酶 A 合成酶(LACS)的作用下合成酰基辅酶 A,并转运到内质网;第二阶段,在甘油-3-磷酸酰基转移酶(GPAT)、溶血磷脂酸酰基转移酶(LPAAT)及二酰甘油酰基转移酶(DGAT)的催化下,分三步与 3-磷酸甘油缩合,逐步形成三酰甘油(TAG);第三阶段是 TAG 与油体蛋白结合形成油体[14, 140]。

5.1　植物 ACCase 中 BCCP 亚基

5.1.1　植物 BCCP 亚基分离的相关研究

ACCase 是油脂合成代谢途径的关键酶。自然界中主要存在两种类型的 ACCase,即异质型 ACCase 和同质型 ACCase。异质型 ACCase 包含 4 个亚基:生物素羧化酶(BC)、生物素羧基载体蛋白(BCCP),以及羧基转移酶(CT)的 2 个亚基 CTα 和 CTβ,其中前两个亚基分别组成 BC 和 BCCP 域,后两个亚基构成 CT 催化域,主要用于脂肪酸的从头生物合成;同质型 ACCase 也包含这 4 个亚基,但在一条多肽链上,结构更稳定,其催化产生的丙二酰辅酶 A 用于脂肪酸链的延伸及类黄酮等次生代谢物的合成[47, 50]。BCCP 亚基是连接 ACCase 的另外 3 个亚基的纽带,在植物种子脂肪酸的生物合成中起十分重要的作用[47]。

植物中 BCCP 基因首次在拟南芥中克隆[56],随后植物中越来越多的 BCCP 基因被鉴定和克隆[42, 54, 57-60]。研究表明 BCCP 亚基长度变化较大,相似性较低[60],但每个 BCCP 亚基 C 端均包含一个高度保守的生物素酰化位点,该位点含有一个高度保守的 motif (CIIEAMKLMNEIE)[64]。目前发现在甘蓝型油菜中至少有 6 个 BCCP 基因成员[42],拟南芥中只有 2 个成员[58, 73]。

棉花是重要的经济作物和油料作物,雷蒙德氏棉[83, 84]、亚洲棉[85]、陆地棉[86, 87, 141]和海岛棉[141, 142]全基因组测序的完成,为鉴定棉花 BCCP 基因家族及研究 BCCP 基因参与脂肪酸生物合成的功能提供了平台。目前,陆地棉中只有 2 个 BCCP 基因被克隆鉴定[60],而陆地棉和海岛棉基因组中各有 8 个全长基因注释为 BCCP 基因。

5.1.2　植物 ACCase 中 BCCP 亚基功能分析

异质型 ACCase 为多亚基型 ACCase,同时对这 4 个亚基进行表达定位,并组装成一种有活性的全酶结构难度较大[34],从而导致通过异质型 ACCase 基因调控提高植物含油量进展缓慢[143]。

目前,研究者对植物中异质型 ACCase 的 4 个亚基基因分别进行了研究,其中,在拟南芥中的研究较为深入,尤其是 BCCP 基因。Ke 等研究发现,在拟南芥种子发育过程中,异质型 ACCase 中 4 个亚基基因的转录水平呈摩尔比守恒[58]。拟南芥异质型 ACCase 有 2 个 BCCP 基因,*AtBCCP1* 在所有组织中均有表达,而 *AtBCCP2* 在种子发育过程中高表达[59]。38 个 BCCP2 反义基因转拟南芥株系 BCCP2 蛋白表达量平均减少 38%,成熟种子中脂肪酸含量平均减少 9%;超表达由种子特异启动子 Napin 驱动的 BCCP2 基因,其蛋白在发育的种子中含量平均增加 2 倍,但 T_2 代拟南芥转基因株系的脂肪酸含量较野生型下降 23%[73]。对拟南芥中 2 个 BCCP 基因同时进行研究,发现使用 T-DNA 插入法完全敲除拟南芥中 BCCP2 基因后,植株生长、发育和脂肪酸积累并未受影响,而完全敲除拟南芥中 BCCP1 基因可造成胚死亡,严重影响花粉管发育与萌发;原位杂交试验表明,BCCP1 基因的表达区域受限于 BCCP1 基因的表达区域,且 BCCP2 表达水平仅为 BCCP1 的 $1/5$[74]。

另外,Lee 等的研究表明,脂肪酸是质体中主要的碳源,将 *AtBCCP1* 和 *ScHMGR* 基因在烟草中共表达可以抑制 ACCase 的活性,从而将碳从质体脂肪酸生物合成途径重新导向胞质的萜类生物合成途径[144]。以上结果表明,植物中超表达或反义表达 BCCP 基因能够显著影响种子含油量或脂肪酸代谢途径,这对植物的遗传育种研究具有重要意义,但到目前为止,仍不清楚棉花中 BCCP 基因参与脂肪酸生物合成的生物学功能。

5.2　四个棉种中 BCCP 基因家族成员鉴定、分析及预测

5.2.1　基因家族成员的鉴定

雷蒙德氏棉、亚洲棉、陆地棉和海岛棉基因组序列的释放为鉴定棉花 BCCP 基因家族提供了可能。本研究以拟南芥(2 个)、甘蓝型油菜(6 个)和大豆(2 个)BCCP 基因的蛋白序列为查询序列(表 5-1),分别在上述四个棉种基因组本地数据库中进行 BlastP 和 BlastN 检索,在雷蒙德氏棉、亚洲棉、陆地棉和海岛棉中初步分别获得 8、8、16 和 16 个候选 BCCP 基因家族成员。然后将获得的候选序列分别提交到 Pfam(PF00364)和 SMART 在线数据库中验证典型保守序列(AMKLM),同时将候选序列提交到 Interpro 在线数据库[145]中再次进行生物素(CIIEAMKLMNEIE)保守序列验证,最终在雷蒙德氏棉、亚洲棉、陆地棉和海岛棉中分别鉴定出 4、4、8 和 8 个 BCCP 基因家族成员(表 5-2)。

表 5-1　其他植物中 BCCP 基因的信息

基因名称	基因登录号	物种
AtBCCP1	AT2G29750	拟南芥
AtBCCP2	AT4G36770	拟南芥
BnpBP1	X90727	甘蓝型油菜
BnpBP2	X90728	甘蓝型油菜
BnpBP3	X90729	甘蓝型油菜
BnpBP4	X90730	甘蓝型油菜
BnpBP6	X90731	甘蓝型油菜
BnpBP7	X90732	甘蓝型油菜
GmaccB-1	AF162283	大豆
GmaccB-2	AF271796	大豆

表 5-2 四个棉种中 BCCP 基因的基本信息

基因名称	基因登录号	基因组上位置	编码区	外显子	长度	分子量(kDa)	等电点	WoLF PSORT预测	TargetP预测	叶绿体长度
GrBCCP1	Gorai.006G011100.1	Chr06:2420726-2423347	855	7	284	30.36	8.59	chlo:14	C 0.946/1	81
GrBCCP2	Gorai.010G135200.1	Chr10:30546370-3055 7469	858	6	285	29.82	6.62	chlo:13	C 0.929/1	62
GrBCCP3	Gorai.012G049400.1	Chr12:644563l-6448034	885	6	294	31.2	5.71	chlo:14	C 0.989/1	79
GrBCCP4	Gorai.013G132300.1	Chr13:3462954-3463 2153	852	7	283	29.55	4.91	chlo:13	C 0.825/2	61
GaBCCP1	Cotton_A_38676	CA_chr8:1977503-1980631	735	5	244	25.5	5.03	chlo:9, cyto:2, nucl_plas:2	M 0.530/4	—
GaBCCP2	Cotton_A_14712	CA_chr11:102621972-102624096	888	7	295	31.57	8.74	chlo:14	C 0.926/1	81
GaBCCP3	Cotton_A_18292	CA_chr12:118242679-118244704	888	6	295	31.26	5.99	chlo:14	C 0.987/1	86
GaBCCP4	Cotton_A_23281	CA_chr13:53936790-53943440	855	6	284	29.57	5.35	chlo:13	C 0.906/1	59
GhBCCP1	Gh_D06G1228/ EF555556.1	D06:32123415-32132928	849	7	282	29.45	6.62	chlo:13	C 0.921/1	62
GhBCCP2	Gh_A05G3209	A05:83383408-83386052	936	7	311	33.41	6.13	chlo:13	C 0.987/1	79
GhBCCP3	Gh_A06G1022	A06:51531079-51547092	942	5	313	33.3	8.66	chlo:13	C 0.940/1	62
GhBCCP4	Gh_A09G0096	A09:2421313-2423450	855	7	284	30.34	8.64	chlo:14	C 0.966/1	81
GhBCCP5	Gh_A13G0950	A13:50745148-50751938	852	7	283	29.43	4.91	chlo:14	C 0.895/1	34
GhBCCP6	Gh_D04G0397	D04:6284714-6288725	885	6	294	31.19	5.71	chlo:14	C 0.987/1	79
GhBCCP7	Gh_D09G0093	D09:2459463-2461601	855	7	284	30.34	8.59	chlo:14	C 0.946/1	81
GhBCCP8	Gh_D13G1202	D13:35856022-35862746	852	7	283	29.54	5.03	chlo:13	C 0.887/1	63

续表

基因名称	基因登录号	基因组上位置	编码区	外显子	长度	蛋白质		亚细胞定位		叶绿体长度
						分子量(kDa)	等电点	WoLF PSORT 预测	TargetP 预测	
GbBCCP1	Gbscaffold265.5.0	At05:8945093-8948190	873	7	290	30.79	5.99	chlo:14	C 0.988/1	79
GbBCCP2	Gbscaffold3613.1.0	At06:49989074-49989989	636	4	212	22.15	6.6	chlo:10、nucl_plas:2、cyto:1	M 0.530/4	—
GbBCCP3	Gbscaffold13314.13.0	At09:2811384-2813784	846	7	281	30.05	8.64	chlo:14	C 0.966/1	78
GbBCCP4	Gbscaffold2855.10.0	At12:11698494-11701028	174	4	57	6.22	4.65	chlo:5、cyto:5、extr:2、nucl:1	—	—
GbBCCP5	Gbscaffold1797.14.0	At13:54571562-54579207	732	5	243	25.07	4.85	chlo:10、extr:2、mito:1	C 0.277/5	63
GbBCCP6	Gbscaffold9097.20.0	Dt04:7081253-7086755	1548	12	515	54.42	5.19	chlo:14	C 0.987/1	79
GbBCCP7	Gbscaffold258.1.0	Dt13:36288436-36291900	714	6	237	24.56	4.47	—	—	—
GbBCCP8	Gbscaffold2694.3.0	scaffold2694:201086-206379	1536	9	511	53.35	8.9	chlo:6、cyto:4、nucl:3	M 0.536/4	62

注：1. Gr、Ga、Gh 和 Gb 分别代表 G. raimondii、G. arboreum、G. hirsutum TM-1 和 G. barbadense 基因组数据。

2. GhBCCP1 为已经存在于 NCBI 中的 BCCP 基因。

3. 叶绿体长度预测中"—"指没有预测到叶绿体转运肽。

4. WoLF PSORT 预测：chlo,叶绿体；cyto,细胞质；nucl,细胞核；plas,质体膜；extr,细胞外基质；mito,线粒体。

5. TargetP 预测：C,叶绿体；M,线粒体；—,任何其他位置；值代表的得分（0.00~1.00）对应可信度等级为 1~5。且最高可信度等级为 1。

5.2.2 基因命名与序列分析

雷蒙德氏棉中鉴定出的 4 个 BCCP 基因按照其在染色体上的顺序,命名为 *GrBCCP1～GrBCCP4*;亚洲棉中鉴定出的 4 个 BCCP 基因按照其在染色体上的顺序,命名为 *GaBCCP1～GaBCCP4*;在陆地棉中鉴定出 8 个 BCCP 基因,其中7个 BCCP 基因按照其在陆地棉染色体上的顺序,命名为 *GhBCCP2～GhBCCP8*,而 *GhBCCP1* 此前已经有文章报道并命名[60];海岛棉中鉴定出 8 个 BCCP 基因,按照其在海岛棉染色体上的顺序,分别命名为 *GbBCCP1～GbBCCP8*(表 5-2)。

5.2.3 蛋白序列及理化性质预测

尽管亚洲棉基因组约是雷蒙德氏棉基因组的 2 倍[83-85],但这 2 个二倍体棉种中均鉴定到 4 个 BCCP 基因成员。本研究用在线 ExPASy 软件预测了四个棉种中 24 个 BCCP 蛋白的长度、理论分子量和等电点。从表 5-2 中可以看出,这 2 个二倍体棉种中 8 个 BCCP 基因的蛋白长度在 244～295 个氨基酸之间,预测的分子量和等电点分别在 25.50～31.57 kDa 和 4.91～8.74 范围。陆地棉中,*GhBCCP* 蛋白长度范围为 282～313 个氨基酸,预测的分子量范围为 29.43～33.41 kDa,且等电点分布范围为 4.91～8.66。海岛棉中 BCCP 基因编码的蛋白长度为 57～515 个氨基酸,预测的分子量大小为 6.22～54.42 kDa,等电点范围为 4.47～8.90。与其他植物中的 BCCP 基因编码蛋白长度相比,*GbBCCP4*、*GbBCCP6* 和 *GbBCCP8* 基因编码蛋白长度小于 200 或大于 350 个氨基酸。剩余的 BCCP 基因编码蛋白理化性质与拟南芥、大豆、油菜和麻风树等植物中的 BCCP 基因很相近[42,54,59,61,64]。

5.2.4 多序列比对与保守区域分析

多序列比对结果显示,四个棉种的 24 个 BCCP 基因的蛋白 C 端区域比较保守,且保守区域内包含一个典型的生物素区域(图 5-2)。另外,多序列比对结果显示 *GbBCCP4* 基因编码蛋白只包含 C 端序列。由于该蛋白的长度较短,在后续研究中不再进行分析。

5.2.5 蛋白亚细胞定位预测

蛋白的亚细胞定位对于理解基因的功能是非常重要的[146]。根据 WoLF PSORT 软件的评估,信号肽预测结果表明 23 个 BCCP 基因的蛋白 N 端均携带叶绿体信号肽(表 5-2)。同时,本研究又用 TargetP 软件进行信号肽预测,结果显示 *GaBCCP1*、*GbBCCP2* 和 *GbBCCP8* 基因编码蛋白定位在线粒体上,*GbBCCP7* 基因的蛋白预测不到定位信息。结合图 5-2 中 *GbBCCP7* 蛋白序列分析发现,该蛋白没有以蛋氨酸起始。结合两种软件预测的结果,用 ChloroP 1.1 软件对 20 个携带叶绿体信号肽的蛋白进行叶绿体信号肽长度的预测,结果显示这些蛋白的叶绿体信号肽长度为 34~86 个氨基酸。这些结果暗示这些 BCCP 基因编码蛋白是叶绿体定位蛋白,叶绿体转运肽有助于 BCCP 蛋白前体从细胞质向叶绿体迁移[61]。

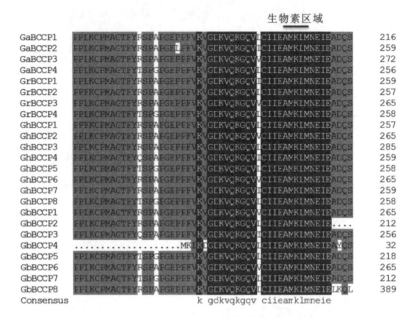

图 5-2　棉花 BCCP 蛋白的生物素区域序列

5.3　棉花 BCCP 基因家族的进化树分析、基因结构与保守 motif 分析

5.3.1　进化树分析

为评估 BCCP 同系物在雷蒙德氏棉、亚洲棉、陆地棉和海岛棉中的进化关系,本书对上述 23 个棉花 BCCP 基因编码蛋白进行多序列比对,并构建系统发育树。由图 5-3 可以看出,23 个棉花 BCCP 基因编码蛋白被分为 2 个不同的组:组Ⅰ和组Ⅱ。这一分类结果与其他植物中 BCCP 基因的分类结果一致[41, 59]。其中,组Ⅰ包含 12 个 BCCP 基因成员,分别由 2 个雷蒙德氏棉 BCCP、2 个亚洲棉 BCCP、4 个陆地棉 BCCP 和 4 个海岛棉 BCCP 蛋白组成。组Ⅱ包含 11 个 BCCP 基因成员,分别由 2 个雷蒙德氏棉 BCCP、2 个亚洲棉 BCCP、4 个陆地棉 BCCP 和 3 个海岛棉 BC-

CP 蛋白组成。为了验证该进化树的可靠性，同时又以最小进化法（Minimum Evolution，ME）和最大似然法（Maximum Likelihood，ML）构建进化树（图 5-4）。进化树结果显示，这两种方法与邻接法（Neighbor-joining，NJ）获得的进化树几乎没有区别，表明这三种方法所得进化树的结果是一致的，同时表明 NJ 进化树所得分类也是可靠的，可用于后续分析。

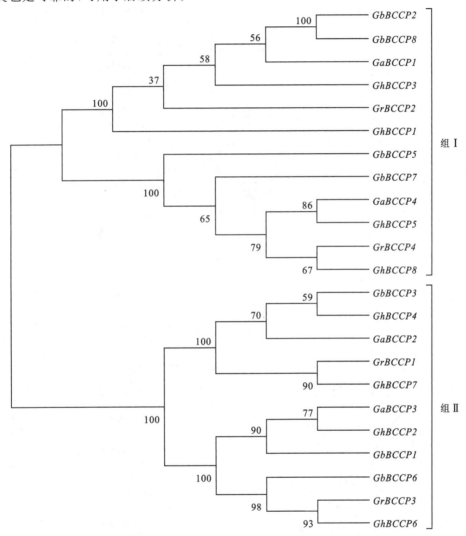

图 5-3　雷蒙德氏棉、亚洲棉、陆地棉和海岛棉中 BCCP 基因编码蛋白的进化树

注：节上的数字代表 1000 次重复的 bootstrap 值。

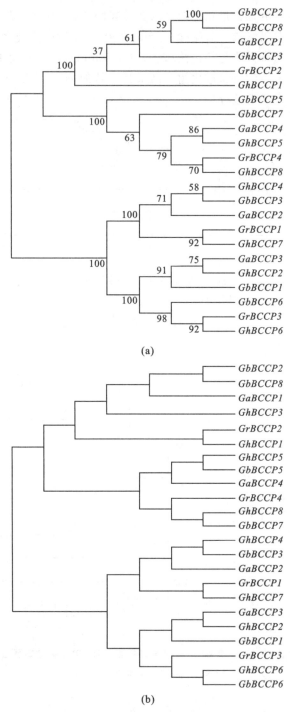

图 5-4   23 个棉花 BCCP 基因编码蛋白在四个棉种中的进化树

（a）最小进化法；（b）最大似然法

注：节上的数字代表 1000 次重复的 bootstrap 值。

5.3.2 棉花 BCCP 基因结构与保守 motif 分析

分析基因结构是研究遗传进化的一种非常有效的方法。通过比对雷蒙德氏棉、亚洲棉、陆地棉和海岛棉中每个 BCCP 基因家族成员的基因组序列及与其相应的编码序列，评估了 BCCP 基因家族成员的外显子与内含子数量，并构建了这四个棉种的 BCCP 基因结构图。如图 5-5 所示，组Ⅰ中基因成员的编码长度在 951～16013 bp 范围，而组Ⅱ中，除了 *GbBCCP6*（编码长度为 5502 bp），大多数 BCCP 基因家族成员编码长度在 2000～3000 bp。组Ⅰ中 BCCP 基因的长度比组Ⅱ中的分散。组Ⅰ中 4 个基因（*GrBCCP4*、*GhBCCP1*、*GhBCCP5* 和 *GhBCCP8*）包含 7 个外显子，6 个内含子；*GaBCCP1*、*GhBCCP3* 和 *GbBCCP5* 均含有 5 个外显子，4 个内含子；*GaBCCP4*、*GrBCCP2* 和 *GbBCCP7* 含有 6 个外显子和 5 个内含子；而 *Gb-BCCP2* 含有 4 个外显子，3 个内含子；*GbBCCP8* 含有 9 个外显子和 8 个内含子。组Ⅱ中大多数（7/11）BCCP 含有 7 个外显子和 6 个内含子；*GaBCCP3*、*GrBCCP3* 和 *GhBCCP6* 均有 6 个外显子和 5 个内含子，而 *GbBCCP6* 有 12 个外显子和 11 个内含子。

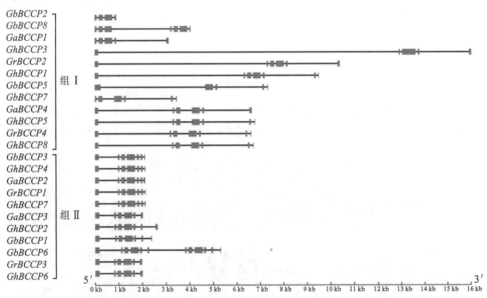

图 5-5　雷蒙德氏棉、亚洲棉、陆地棉和海岛棉中 BCCP 基因的基因结构

为进一步探究 BCCP 基因家族中 motif（元件）的多样性，用 MEME 软件搜索棉花中这 23 个 BCCP 基因编码蛋白的保守 motif，共鉴定到 4 个保守 motif，并分别命名为 motif1、motif2、motif3 和 motif4（图 5-6），图 5-7 中列出了这 4 个 motif 的长度和序列信息。如图 5-6 所示，除 *GbBCCP2* 基因编码蛋白外（多序列比对结果表明其在 C 端的 motif1 序列不完整),剩余的 22 个 BCCP 基因编码蛋白均包含 motif1;虽然没有注释到 motif2～motif4 的功能,但 motif2 和 motif3 主要出现在 BCCP 基因编码蛋白的 C 端,而且只有 *GrBCCP3*、*GaBCCP3*、*GhBCCP2*、*GhBC-CP6*、*GbBCCP1* 和 *GbBCCP6* 基因的蛋白序列包含 motif4。这些结果表明包含相同类型 motif 的 BCCP 基因编码蛋白可能具有相似的功能。

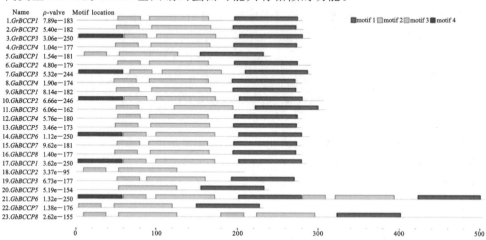

图 5-6 雷蒙德氏棉、亚洲棉、陆地棉和海岛棉 BCCP 基因编码蛋白 motif 分析

图 5-7 棉花 BCCP 基因编码蛋白预测的 4 个 motif

5.4 BCCP 基因家族成员染色体定位和基因复制

5.4.1 BCCP 基因家族成员染色体定位

根据雷蒙德氏棉、亚洲棉、陆地棉和海岛棉中 BCCP 基因在染色体上的位置，绘制 BCCP 基因在染色体上的分布图（图 5-8），其中 22 个 BCCP 基因被定位到这四个棉种的 22 条染色体上，1 个定位在 scaffold 上。具体如下：雷蒙德氏棉中 4 个 BCCP 基因分别定位在第 6、10、12 和 13 条染色体上[图 5-8(a)]；亚洲棉中 4 个 BCCP 基因分别定位在第 8、11、12 和 13 条染色体上[图 5-8(b)]；陆地棉的 BCCP 基因中 4 个分布在 A 亚组，4 个分布在 D 亚组，其中 A 亚组中 4 个 BCCP 基因分别定位在 A 亚组的第 5、6、9 和 13 条染色体上，D 亚组中 4 个 BCCP 基因分别定位在 D 亚组的第 4、6、9 和 13 条染色体上[图 5-8(c)]。海岛棉的 BCCP 基因中有 4 个分布在 At 亚组中，2 个分布在 Dt 亚组，其中，At 亚组中的 4 个 BCCP 基因定位在 At 亚组的第 5、6、9 和 13 条染色体上，Dt 亚组中 2 个 BCCP 基因分别定位在 Dt 亚组的第 4 和 13 条染色体上[图 5-8(d)]，以目前的定位注释信息为基础，GbBCCP8 未被定位到 At 或 Dt 亚组中，而是定位在未作图的 scaffold 上。另外，未进行后续分析的 GbBCCP4 定位在 At 亚组的第 12 条染色体上（表 5-2）。

5.4.2 BCCP 基因家族成员基因复制

基因组的变化包括染色体重排、基因复制和基因的表达变化，通常在多倍体物种形成过程中发生[147]。基因复制事件在基因家族扩增中起着重要作用[148, 149]。首先，根据 Zhou 等的标准对 BCCP 复制基因对进行鉴定：①比对的两个基因序列相互匹配部分的长度必须大于长序列长度的 70%；②比对的两个基因序列相互匹配部分的相似性≥70%[150]。共鉴定出 9 对 BCCP 复制基因，其中雷蒙德氏棉和亚洲棉中分别有 2 对（GrBCCP1/GrBCCP3、GrBCCP2/GrBCCP4 和 GaBCCP1/GaBCCP4、GaBCCP2/GaBCCP3），陆地棉中有 4 对（GhBCCP1/GhBCCP3、GhBCCP2/GhBCCP6、GhBCCP4/GhBCCP7、GhBCCP5/GhBCCP8），而海岛棉中只有 1 对（GbBCCP5/GbBCCP7）。所有这些基因定位在不同的染色体上，因此 BCCP 复制基因是片段复制。随后采用更为严谨的标准进行 BCCP 复制基因对鉴定。该标准为：①比对的两个基因序列相互匹配部分的长度必须大于长序列长度的 80%；②比对的两个基因序列相互匹配部分的相似性≥80%[151-153]。在该标准下，在陆地棉中鉴定出 4 对复制基因（GhBCCP1/GhBCCP3、GhBCCP2/GhBCCP6、

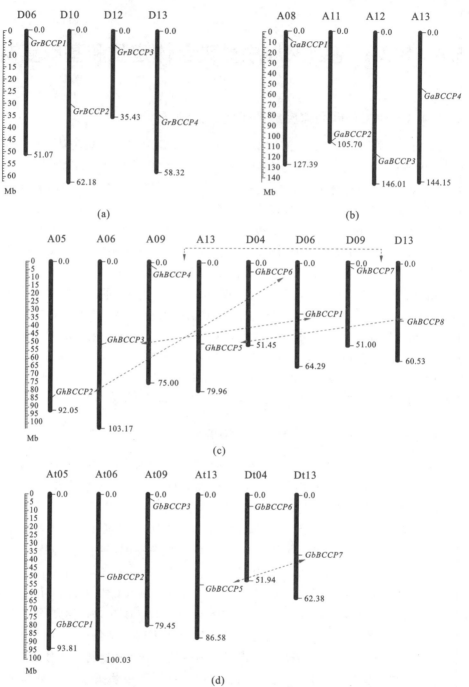

图 5-8　雷蒙德氏棉、亚洲棉、陆地棉和海岛棉 BCCP 基因在染色体上的分布图

（a）雷蒙德氏棉；（b）亚洲棉；（c）陆地棉；（d）海岛棉

$GhBCCP4/GhBCCP7$ 和 $GhBCCP5/GhBCCP8$），海岛棉中鉴定出 1 对（$GbBCCP5/GbBCCP7$），而 2 个二倍体棉种中并未鉴定出复制基因对（图 5-8、表 5-3）。

进化过程中，复制基因对经历 3 种不同的命运，分别为正选择（$Ka/Ks>1$）、中性选择（$Ka/Ks=1$）和纯化选择（$Ka/Ks<1$）[154]，Ka/Ks 表示两个蛋白编码基因的非同义替换率（Ka）和同义替换率（Ks）之间的比例。为衡量基因复制后所经历的环境选择压力，本研究对陆地棉和海岛棉中 BCCP 基因中复制基因的 Ka 和 Ks 进行分析。本研究中有 4 对复制基因的 $Ka/Ks<1$（表 5-3），表明基因发生片段复制后，陆地棉 BCCP 基因经历了纯化选择，它们的基因功能没有发生严重分化，而海岛棉中 $GbBCCP5/GbBCCP7$ 的 $Ka/Ks=1$，说明 BCCP 基因在海岛棉中经历了中性选择。

表 5-3　陆地棉和海岛棉中 BCCP 基因复制的 Ka/Ks 分析

棉种	复制基因 1	复制基因 2	Ka	Ks	Ka/Ks	纯化选择	复制类型
陆地棉	$GhBCCP1$	$GhBCCP3$	0.033	0.038	0.868	是	片段复制
	$GhBCCP2$	$GhBCCP6$	0.029	0.054	0.537	是	片段复制
	$GhBCCP4$	$GhBCCP7$	0.014	0.04	0.35	是	片段复制
	$GhBCCP5$	$GhBCCP8$	0.014	0.061	0.23	是	片段复制
海岛棉	$GbBCCP5$	$GbBCCP7$	0.06	0.06	1	否	片段复制

5.4.2.1　棉花 BCCP 基因家族中直系同源基因的鉴定

研究表明 2 个现存的二倍体祖先种（雷蒙德氏棉和亚洲棉）至少经历了 2 轮全基因组复制[83,84]，且四倍体棉种（陆地棉和海岛棉）由二倍体雷蒙德氏棉和亚洲棉种内杂交产生[155]。因此，这 4 个棉种（2 个二倍体和 2 个四倍体）的进化关系很近。通过构建进化树来研究这 4 个棉种间 BCCP 基因的直系同源关系，共鉴定出 20 组直系同源基因（图 5-9）；根据基因的位置信息绘制出 4 个棉种 BCCP 基因的染色体定位图（图 5-10）。亚洲棉和雷蒙德氏棉中鉴定出 4 组直系同源基因，分别为 $GaBCCP1/GrBCCP2$、$GaBCCP2/GrBCCP1$、$GaBCCP3/GrBCCP3$、$GaBCCP4/GrBCCP4$［图 5-9（a）］；陆地棉和海岛棉中鉴定出 3 组直系同源基因，分别为 $GhBCCP2/GbBCCP1$、$GhBCCP4/GbBCCP3$ 及 $GhBCCP6/GbBCCP6$［图 5-9（b）］；陆地棉和雷蒙德氏棉中鉴定出 4 组直系同源基因，分别为 $GhBCCP3/GrBCCP2$、$GhBCCP6/GrBCCP3$、$GhBCCP7/GrBCCP1$、$GhBCCP8/GrBCCP4$［图 5-9（c）］；陆地棉和亚洲棉中鉴定出 4 组直系同源基因，分别为 $GhBCCP2/GaBCCP3$、$GhBC$-

CP3/GaBCCP1、*GhBCCP4/GaBCCP2*、*GhBCCP5/GaBCCP4*[图 5-9(d)]；海岛棉和雷蒙德氏棉中鉴定出 3 组直系同源基因，分别为 *GbBCCP3/GrBCCP1*、*GbBCCP6/GrBCCP3*、*GbBCCP7/GrBCCP4*[图 5-9(e)]。海岛棉和亚洲棉中有 2 组直系同源基因，分别为 *GbBCCP1/GaBCCP3* 和 *GbBCCP3/GaBCCP2*，其均处在同一进化树分支，是直系同源基因[图 5-9(f)]。

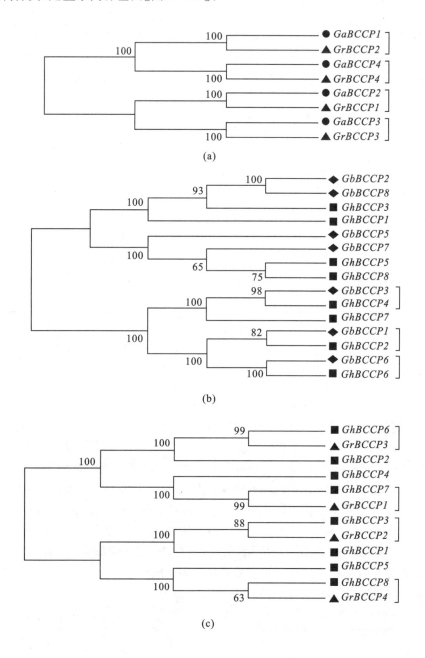

(a)

(b)

(c)

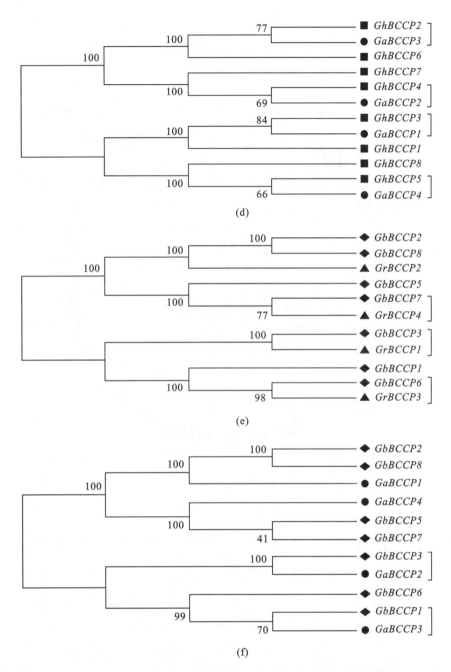

图 5-9 雷蒙德氏棉、亚洲棉、陆地棉和海岛棉 BCCP 蛋白的进化树

(a)雷蒙德氏棉和亚洲棉 BCCP 蛋白的进化树;(b)陆地棉和海岛棉 BCCP 蛋白的进化树;
(c)陆地棉和雷蒙德氏棉 BCCP 蛋白的进化树;(d)陆地棉和亚洲棉 BCCP 蛋白的进化树;
(e)海岛棉和雷蒙德氏棉 BCCP 蛋白的进化树;(f)海岛棉和亚洲棉 BCCP 蛋白的进化树

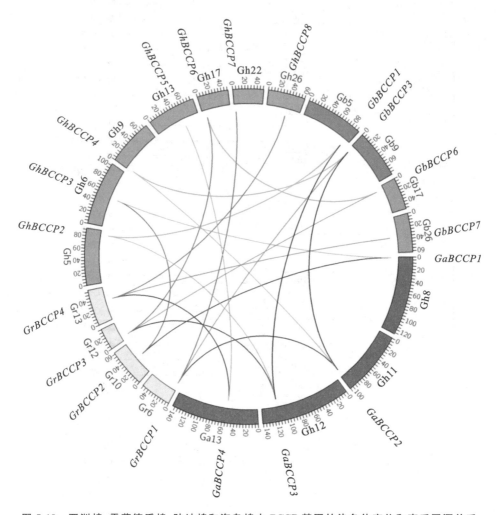

图 5-10　亚洲棉、雷蒙德氏棉、陆地棉和海岛棉中 BCCP 基因的染色体定位和直系同源关系

5.4.2.2　四个棉种中 BCCP 直系同源基因的基因结构比较

比较四个棉种中 20 组 BCCP 直系同源基因的基因结构（图 5-11）发现，有 11 组直系同源基因的基因结构相似，具有相同的外显子和内含子数目。雷蒙德氏棉和亚洲棉的直系同源基因 *GrBCCP1*/*GaBCCP2*［图 5-11（a）］，陆地棉和海岛棉的直系同源基因 *GhBCCP2*/*GbBCCP1*、*GhBCCP4*/*GbBCCP3*［图 5-11（b）］，陆地棉和雷蒙德氏棉的直系同源基因 *GhBCCP7*/*GrBCCP1*、*GhBCCP8*/*GrBCCP4*［图 5-11（c）］，陆地棉和亚洲棉的直系同源基因 *GhBCCP4*/*GaBCCP2*［图 5-11（d）］，海岛棉和雷蒙德氏棉的直系同源基因 *GbBCCP3*/*GrBCCP1*［图 5-11(e)］,海岛棉和亚洲棉的直系同源基因 *GbBCCP3*/*GaBCCP2*［图 5-11(f)］都含有 7 个外显子和 6 个内含子。

雷蒙德氏棉和亚洲棉的直系同源基因 *GaBCCP3*/*GrBCCP3*［图 5-11(a)］,陆地棉和雷蒙德氏棉的直系同源基因 *GhBCCP6*/*GrBCCP3*［图 5-11(c)］都含有 6 个外显子和 5 个内含子。陆地棉和亚洲棉的直系同源基因 *GhBCCP3*/*GaBCCP1*［图 5-11(d)］都含有 5 个外显子和 4 个内含子。其中,有些直系同源基因的外显子和内含子数目虽相同,但个别外显子或内含子的长度明显发生变化。如 *GrBCCP1*/*GaBCCP2* 都含有 7 个外显子和 6 个内含子,基因长度几乎一样,但 *GaBCCP2* 的第 7 个外显子略长［图 5-11(a)］;*GhBCCP2*/*GbBCCP1* 都含有 7 个外显子和 6 个内含子,但 *GhBCCP2* 的第 6 个内含子长度较长,且第 7 个外显子长度也较长［图 5-11(b)］;*GrBCCP3*/*GaBCCP3* 都含有 6 个外显子和 5 个内含子,但 *GaBCCP3* 的第 2 个外显子长度较长［图 5-11(c)］。*GhBCCP3*/*GaBCCP13* 均含有 5 个外显子和 4 个内含子,但 *GhBCCP3* 的第 1 个内含子长度较长［图 5-11(d)］。

另外 9 组 BCCP 直系同源基因的外显子和内含子数目存在明显差别。*GaBCCP1* 有 5 个外显子和 4 个内含子,而雷蒙德氏棉中对应的直系同源基因 *GrBCCP2* 有 6 个外显子和 5 个内含子;*GaBCCP4* 有 6 个外显子和 5 个内含子,而雷蒙德氏棉中对应的直系同源基因 *GrBCCP4* 有 7 个外显子和 6 个内含子［图 5-11(a)］。*GhBCCP6* 有 6 个外显子和 5 个内含子,而其对应的直系同源基因 *GbBCCP6* 外显子多达 12 个,内含子多达 11 个［图 5-11(b)］。*GhBCCP3* 有 5 个外显子和 4 个内含子,而其对应的直系同源基因 *GrBCCP2* 有 6 个外显子和 5 个内含子［图 5-11(c)］。*GhBCCP2* 有 7 个外显子和 6 个内含子,而其对应的直系同源基因 *GaBCCP3* 有 6 个外显子和 5 个内含子;*GhBCCP5* 有 7 个外显子和 6 个内含子,而其对应的直系同源基因 *GaBCCP4* 有 6 个外显子和 5 个内含子［图 5-11(d)］。*GbBCCP7* 有 6 个外显子和 5 个内含子,而其对应的直系同源基因 *GrBCCP4* 有 7 个外显子和 6 个内含子;*GrBCCP3* 有 6 个外显子和 5 个内含子,而其对应的直系同源基因 *GbBCCP6* 有 12 个外显子和 5 个内含子［图 5-11(e)］。*GbBCCP1* 有 7 个外显子和 6 个内含子,而其对应的直系同源基因 *GaBCCP3* 有 6 个外显子和 5 个内含子［图 5-11(f)］。

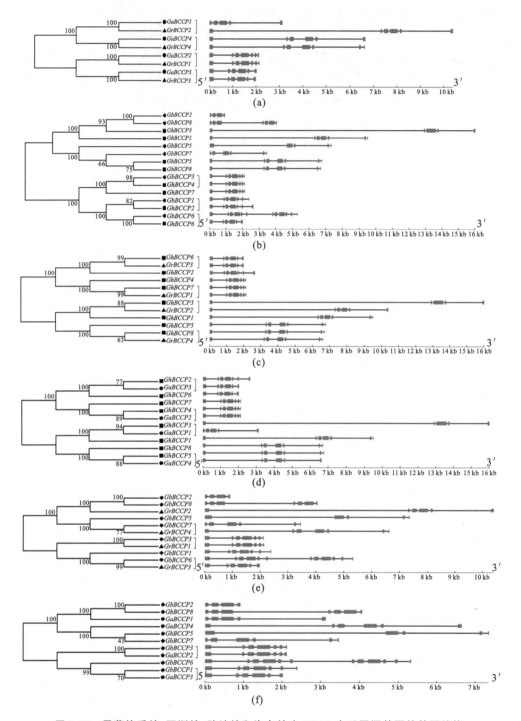

图 5-11　雷蒙德氏棉、亚洲棉、陆地棉和海岛棉中 BCCP 直系同源基因的基因结构

5.5　棉花 BCCP 基因家族与其他物种中 BCCP 同系物的关系

　　系统发育树被认为是一种用来揭示同源关系的常用方法。为检测 BCCP 基因的进化关系，以拟南芥、油菜和大豆的全长 BCCP 蛋白序列为参考序列，用 MEGA 5.0软件中的邻位相接法对 4 个棉种中 BCCP 蛋白序列构建系统发育树（图 5-12）。分析发现 4 个棉种中 BCCP 基因呈现出高度相关性，这表明它们之间的进化关系很近。以拟南芥中 2 个 BCCP 基因进行分类，棉花中 23 个 BCCP 基因可分为 2 组。推测这 2 组 BCCP 基因在脂肪酸生物合成中可能有不同的功能。棉花组Ⅰ中的 BCCP 基因（*GrBCCP2*、*GrBCCP4*、*GaBCCP1*、*GaBCCP4*、*GhBCCP1*、*GhBCCP3*、*GhBCCP5*、*GhBCCP8*、*GbBCCP2*、*GbBCCP5*、*GbBCCP7* 和 *GbBCCP8*）与 *AtBCCP1* 及大豆 *accB-1* 基因进化关系很近，这暗示组Ⅰ中棉花 BCCP 基因可能有着与 *AtBCCP1* 及大豆 *accB-1* 基因相似的功能。

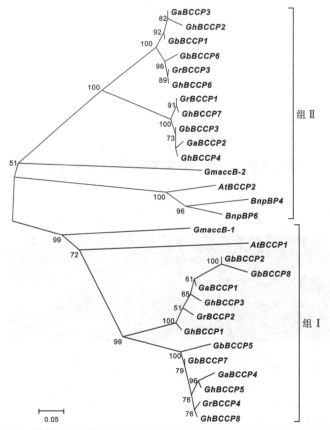

图 5-12　棉花 BCCP 基因家族成员与其他物种中 BCCP 基因的进化分析

5.6 陆地棉中 *GhBCCP* 基因的表达

5.6.1 *GhBCCP* 基因在陆地棉 TM-1 不同组织中的表达

为更好地理解 *GhBCCP* 基因在陆地棉 TM-1 中的作用,下载 TM-1 的公共数据来研究该基因的时空表达模式。公共数据包括根、茎、叶、花瓣和不同发育时期的幼胚[5 DPA、10 DPA、20 DPA、25 DPA 和 35 DPA(DPA 为开花后天数)][87]。从图 5-13 可以看出,8 个 *GhBCCP* 基因在检测的陆地棉 TM-1 各个组织中均有表达,且可归为 2 类(组 I 和组 II)。与组 I 中的 *GhBCCP* 基因(*GhBCCP1*、*GhBC-CP3*、*GhBCCP5* 和 *GhBCCP8*)相比,组 II 中 *GhBCCP* 基因(*GhBCCP2*、*GhBC-CP4*、*GhBCCP6* 和 *GhBCCP7*)在胚珠的 5 个不同发育阶段呈现出更高的转录丰度。另外,与根、茎、叶和花瓣组织中的表达量相比,组 II 中的 BCCP 基因在幼胚中呈上调表达。同时研究发现,组 II 中 BCCP 基因在幼胚发育早期和中期(5~25 DPA)的表达量较高,而在幼胚发育晚期(35 DPA)表达量相对较低。这暗示这些基因主要促进幼胚发育早中期脂肪酸的积累。另外,TM-1 中 4 个 BCCP 复制基因对的表达模式也稍有差别。其中 *GhBCCP2* 和 *GhBCCP6*、*GhBCCP4* 和 *GhBC-CP7* 被聚集在进化树的同一分支末端,它们在各个组织中的表达模式高度相似;*GhBCCP1* 和 *GhBCCP3* 除在花瓣和幼胚 35 DPA 阶段的表达模式存在差别外,其他组织中的表达模式也很相似;而 *GhBCCP5* 和 *GhBCCP8* 的表达模式出现分离,可能是复制事件发生后基因调控发生了变化。

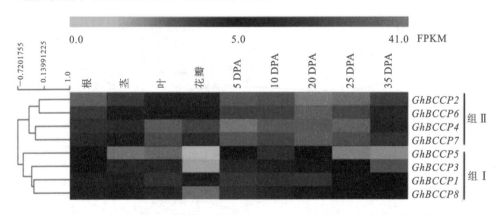

图 5-13 8 个 *GhBCCP* 基因在陆地棉 TM-1 不同组织和发育阶段表达模式分析

5.6.2　*GhBCCP*基因在环境胁迫下的表达

盐和低温胁迫是两种非常严重的环境胁迫,大多数植物在生长发育过程中都会遭遇这两种胁迫。基因启动子是基因转录的控制中心,启动子区域的调控元件为剖析基因在环境胁迫响应中的功能提供了一些证据[156]。本书先鉴定了雷蒙德氏棉、亚洲棉和陆地棉 BCCP 基因启动子中的调控元件,预测了 8 个环境胁迫响应元件(表 5-4)。尽管这 8 个预测的环境胁迫响应元件中不包含盐胁迫响应元件,仅包含 1 个低温胁迫响应元件,但有研究表明一些调控元件会响应多个环境胁迫刺激[157]。

表 5-4　*GrBCCPs*、*GaBCCPs* 和 *GhBCCPs* 启动子区域的环境胁迫响应元件

基因名称	环境胁迫相关元件							
	HSE	LTR	MBS	TC-rich repeats	ARE	Box-W1	W box	WUN-motif
GrBCCP1	—	1	1	1	1	—	—	—
GrBCCP2	1	—	—	1	1	—	—	—
GrBCCP3	1	—	1	—	1	1	1	—
GrBCCP4	1	1	1	1	1	—	—	—
GaBCCP1	1	—	1	1	1	—	—	—
GaBCCP2	1	—	1	—	1	—	—	1
GaBCCP3	1	1	—	1	1	—	—	—
GaBCCP4	1	—	1	1	1	—	—	—
GhBCCP1	1	—	—	1	1	—	—	—
GhBCCP2	1	—	1	1	1	—	—	—
GhBCCP3	1	—	1	—	—	—	—	—
GhBCCP4	1	—	1	1	1	—	—	—
GhBCCP5	1	—	1	—	—	—	—	—
GhBCCP6	1	1	1	1	1	1	1	—
GhBCCP7	—	1	1	1	1	—	—	—
GhBCCP8	1	—	1	1	1	1	1	—

注:"1"代表检测到该环境响应元件,"—"代表没有检测到该环境响应元件。

表 5-4 中的结果显示,每个 BCCP 基因启动子至少包含 3 个环境胁迫响应元件,表明这 16 个 BCCP 基因可能是棉花响应盐胁迫和低温胁迫的信号传导者。图 5-14结果显示,这 16 个 BCCP 基因在盐胁迫和低温胁迫中的表达不同。在盐胁迫条件下[图 5-14(a)],根中 6 个棉花 BCCP 基因在盐胁迫 24 h 后上调表达,而 *GrBCCP4* 基因不响应盐胁迫,剩余 9 个棉花 BCCP 基因下调表达。在茎中,雷蒙德氏棉和亚洲棉中的 BCCP 基因在盐胁迫 24 h 后上调表达,而陆地棉中 7 个 BCCP 基因下调表达。然而,与根和茎组织中棉花 BCCP 基因表达相比,叶片中只有几个棉花 BCCP 基因上调表达。叶片中 3 个 *GaBCCP* 基因下调表达,*GaBCCP4* 和 *GhBCCP4* 的表达量与对照相比没有变化。低温胁迫下[图 5-14(b)],*GrBCCP3*、*GaBCCP1*、*GaBCCP2*、*GaBCCP3*、*GaBCCP4* 和 *GhBCCP7* 在根中诱导上调表达。*GrBCCP3*、*GaBCCP1*、*GaBCCP3* 和 *GaBCCP4* 受低温胁迫 24 h 后在茎中上调表达。叶片中 5 个 BCCP 基因受低温胁迫后表达受到抑制。值得注意的是,在盐和低温胁迫 24 h 后,*GrBCCP3*、*GaBCCP1*、*GaBCCP2* 和 *GaBCCP4* 在茎中均上调表达,*GaBCCP1* 和 *GaBCCP3* 在叶片中均诱导表达。

为进一步研究陆地棉中鉴定的 8 个 *GhBCCP* 基因在环境胁迫中的表达模式,下载 TM-1 中释放的盐胁迫、干旱胁迫(PEG)和热胁迫 RNA-Seq 数据,将这些转录组数据与陆地棉 BCCP 的序列进行匹配,最后将匹配上的短序列数目转化成对应的 FPKM 来评估这些目的基因的转录水平。如图 5-15 所示,对 8 个 *GhBCCP* 基因在盐胁迫诱导下的表达模式进行分析[图 5-15(a)]发现,*GhBCCP5* 和 *GhBCCP6* 随着盐胁迫的持续,转录水平一直下降。*GhBCCP1* 转录水平呈现"升—降—升"的趋势,即在盐胁迫处理 3 h 期间,转录水平显著上升,6 h 后下降,而 12 h 后转录水平又上升,出现这一趋势可能的原因是 *GhBCCP1* 基因的转录受到反馈调节的作用。*GhBCCP3* 和 *GhBCCP8* 基因的转录水平在盐胁迫后呈现先下降后上升的趋势。*GhBCCP4* 和 *GhBCCP7* 随着盐胁迫处理时间延长,转录水平逐渐下降,6 h 后表达量最低,随后转录水平与 0 h 的转录水平相当。*GhBCCP2* 在短时间(1 h)盐胁迫处理后转录水平就显著提高,达到最高值,随后持续下降。*GhBCCP1* 转录水平在 PEG 胁迫初期(1 h)显著提高,随后急剧下降,直到 12 h 后转录水平又再次显著提高;*GhBCCP2*、*GhBCCP4* 和 *GhBCCP7* 在 PEG 胁迫处理 6 h 期间,表达显著下调,12 h 后表达量开始回升到 0 h 水平;*GhBCCP5* 和 *GhBCCP6* 长时间 PEG 处理后,转录水平显著下降,表明 PEG 胁迫下 *GhBCCP5* 和 *GhBCCP6* 可能受到负向调控的作用;*GhBCCP3* 和 *GhBCCP8* 在 PEG 胁迫 1 h 后转录水平急剧上升,随后显著下降,直到 12 h 后转录水平与 0 h 转录水平相当[图 5-15(b)]。

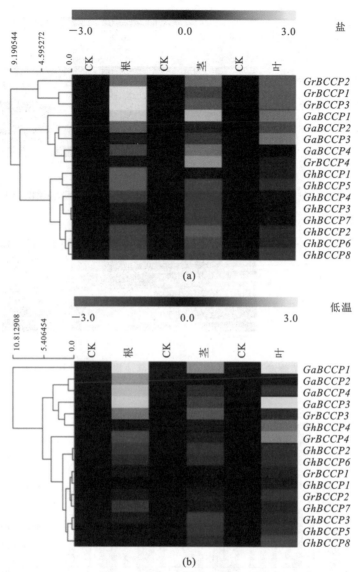

**图 5-14 雷蒙德氏棉、亚洲棉和陆地棉中 16 个 BCCP 基因
在盐胁迫和低温胁迫中的表达模式**

（a）盐胁迫；（b）环境胁迫

　　GhBCCP1 在热胁迫初期（3 h）转录水平下降，随后转录水平显著提高；5 个基因（*GhBCCP2*、*GhBCCP4*、*GhBCCP5*、*GhBCCP6*、*GhBCCP7*）在长时间热胁迫处理后转录水平显著下降，其中 *GhBCCP7* 在热胁迫 1 h 后并未检测到表达量；*GhBC-CP3* 和 *GhBCCP8* 在热胁迫处理下，转录水平先下降后上升，其中 *GhBCCP8* 在热胁迫 1 h 时无表达（图 5-16）。

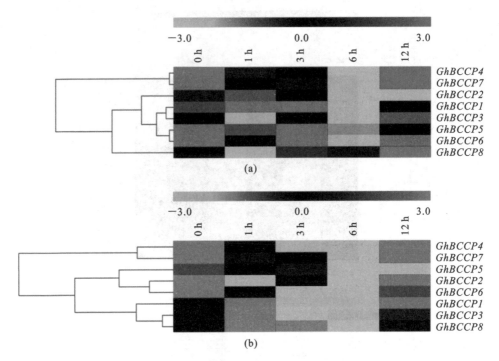

图 5-15　不同环境胁迫下 8 个 *GhBCCP* 基因在陆地棉 TM-1 叶片中的表达模式图

(a)盐胁迫；(b)PEG 胁迫

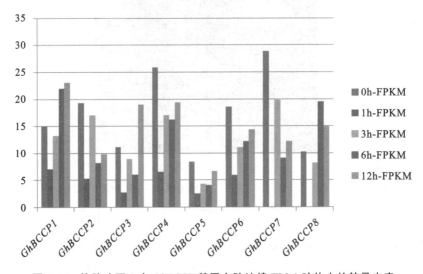

图 5-16　热胁迫下 8 个 *GhBCCP* 基因在陆地棉 TM-1 叶片中的转录丰度

5.6.3 *GhBCCP1* 基因启动子克隆及活性分析

根据雷蒙德氏棉全基因组序列设计引物,采用聚合酶链式反应(Polymerase Chain Reaction,PCR)方法从基因组 DNA 中克隆 *GhBCCP1* 基因启动子,并对 *GhBCCP1* 基因启动子元件进行活性区域分析,为 *GhBCCP1* 蛋白功能和表达调控机理研究提供依据。

5.6.3.1 *GhBCCP1* 基因启动子片段克隆

根据本实验室已经扩增出的 *GhBCCP1* 基因的 cDNA 序列,通过本地 BLAST 搜索雷蒙德氏棉全基因组序列,获得该基因的基因组序列;随后以获得的基因组序列为基础,在其 ATG 上游截取 2000 bp 的启动子序列,设计特异性引物,以 Xu244 的总 DNA 为模板,扩增 ATG 上游的启动子序列。最终获得了 1500 bp 的目的条带(图 5-17),测序结果显示该序列与模板序列完全一致。

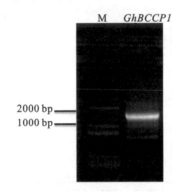

图 5-17 *GhBCCP1* 基因启动子的克隆

注:M:D2000plus DNA ladder。

5.6.3.2 *GhBCCP1* 基因启动子片段的生物信息学分析

将扩增序列与模板序列进行比对,最终获得 ATG 上游 1563 bp。对序列进行元件分析,根据转录起始位点周围起始因子(Initiator)的保守序列 PyPyANT/APyPy 来确定转录起始位点。以该起始因子 A 位置为 1,采用植物顺式元件查询数据库 PLACE 对获得的上游启动子序列进行分析,结果表明在 *GhBCCP1* 启动子区域中包含了一些重要的顺式作用元件,DOFCOREZM 元件分别定位在-27/-31、-141/-145、-196/-200、-2002/-206、-212/-216、-231/-235、-264/-268、-299/-303、-322/-326、-458/-462、-679/-683、-1153/-1157、-1161/-1165、-1207/-1211,是 DOF 蛋白的结合位点;序列中还发现了 1 个响应 GA3 的元件 GARE,定位于-354/-361;3 个与开花相关的元件(CCAATBOX),定位于-666/-671、-709/-714、-1136/-1141;

4个响应逆境的元件,即1个MYB(5'-WAACCA-3')和3个MYC(5'-CANNTG-3'),其中AAACCA定位在-1167/-1172,CATGTG定位在-173/-179和-1042/-1048,CACATG定位于-334/-340;同时还发现了11个CAAT和3个TATA,这两类元件是与转录起始相关的基础元件;另外还有一些生物和非生物胁迫应答的元件,如铜信号转导元件(CURECORECR)定位在-379/-383;GT元件(GT motif)定位在-758/-764,预测到的元件具体信息见表5-5。

表5-5　*GhBCCP1*基因启动子序列中元件预测及功能分析

元件	元件核心序列	元件数量	功能
MYC	CANNTG	3	响应干旱、ABA和冷胁迫信号
MYB	WAACCA	1	响应干旱和ABA信号
GARE	TAACAAR	1	响应GA3信号
DOFCOREZM	AAAG	14	Dof蛋白结合需要的核心信息
CURECORECR	GTAC	1	铜的信号
CCAATBOX	CCAAT	3	花期相关性状
TATA BOX	TTATTT	3	转录起始点-30附近的核心启动子元件
GT motif	GGTTAA	1	光调节因子
CAAT BOX	CAAT	11	启动子和增强子区域的共同顺式元件

5.6.3.3　*GhBCCP1*基因启动子植物表达载体构建

　　为了进一步确定*GhBCCP1*基因启动子片段是否具有启动下游基因表达的能力,构建了该启动子与GUS基因融合的植物表达载体。首先用*Hind*Ⅲ和*Xba*Ⅰ酶来双酶切pBI121表达载体(图5-18)和*GhBCCP1*基因启动子片段,然后用T4连接酶连接*GhBCCP1*基因启动子片段和无35S启动子的pBI121表达载体大片段,并命名为pBCCP$_{1449}$::GUS,图5-19为酶切验证pBCCP$_{1449}$::GUS重组子的结果。

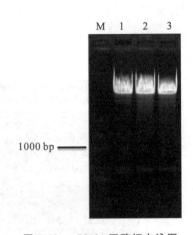

图 5-18 pBI121 双酶切电泳图

注：M：D2000 plus DNA ladder；

1～3：pBI121。

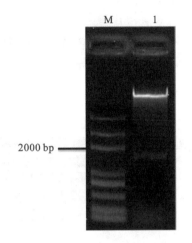

图 5-19 酶切验证 pBCCP$_{1449}$∷GUS 重组子

注：M：D2000 plus DNA ladder；

1：pBCCP$_{1449}$∷GUS 重组质粒。

5.6.3.4 *GhBCCP1* 基因启动子瞬时表达

鉴于瞬时表达简单、快速的优点，将构建好的 pBCCP$_{1449}$∷GUS 重组子转入烟草叶片和棉花 09-1 胚性愈伤中鉴定该启动子的活性。通过 GUS 染色分析发现，该启动子能够启动下游 GUS 报告基因的表达（图 5-20），说明该片段具有启动子的活性，推测该片段也能够启动下游其他基因的表达。

(a)　　　　　　(b)　　　　　　(c)　　　　　　(d)

图 5-20 烟草叶片和棉花 09-1 胚性愈伤中 pBCCP$_{1449}$∷GUS 重组子活性检测

(a)、(b)非转基因组织；(b)、(d)转 pBCCP$_{1449}$∷GUS 重组子组织

5.6.3.5 *GhBCCP1* 基因启动子缺失系列载体的构建

在不会将各个元件拆开的前提下，对 *GhBCCP1* 基因启动子进行截短，共截成 5 段。将 *GhBCCP1* 基因启动子及其截短片段构建到表达载体 pBI121 上，构建的

载体示意图及截短片段大小见图 5-21。将构建好的重组子进行双酶切验证,从图 5-21 可以看出,截短片段分别位于翻译起始上游的 1449 bp(ATG 上游全长启动子序列)、1195 bp、803 bp、640 bp 和 429 bp 处。

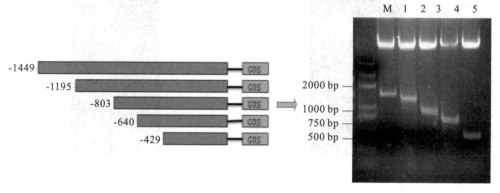

图 5-21　*GhBCCP1* 基因启动子及其缺失系列载体酶切验证图

注:M:D2000 plus DNA ladder;1～5:分别为 pBCCP$_{1449}$∷GUS,
pBCCP$_{1195}$∷GUS,pBCCP$_{803}$∷GUS,pBCCP$_{640}$∷GUS 和 pBCCP$_{429}$∷GUS。

5.6.3.6　*GhBCCP1* 基因启动子缺失系列载体瞬时表达

将构建好的 5 条 *GhBCCP1* 基因启动子缺失系列载体菌液分别转入烟草叶片中鉴定它们的活性。通过 GUS 染色[GUS(β-D-glucuronidase,β-D-葡萄糖苷酸酶)基因是目前常用的一种报告基因,其表达产物 β-D-葡萄糖苷酸酶是一种水解酶,能催化许多 β-D-葡萄糖苷酯类物质的水解,它可以将 5-溴-4-氯-3-吲哚-β-D-葡萄糖苷酸酯(5-bromo-4-chloro-3-indolyl-glucronide,X-Gluc)分解为蓝色物质]分析发现,*GhBCCP1* 基因启动子缺失系列载体均能够启动下游 GUS 报告基因的表达(图 5-22),并且发现随着 *GhBCCP1* 基因启动子片段的截短,GUS 染色也随之变浅。这说明在 *GhBCCP1* 基因启动子片段被截短的过程中丢失了一些比较重要的元件,造成启动子截短片段活性下降。为了进一步定量检测 *GhBCCP1* 基因启动子缺失系列片段的活性,将这些载体转入棉花 09-1 的愈伤组织中,19 ℃暗培养2 d,用标准蛋白曲线测定 *GhBCCP1* 基因启动子缺失系列产物蛋白的含量。以对硝基苯酚标准曲线数值为标准获得目的 GUS 的酶活性数值。测定 GUS 酶活性,进行定量检测。如图 5-23所示,当启动子截短至1195 bp 时,GUS 基因的表达能力明显下降,说明在 *GhBCCP1* 基因启动子的 1449～1195 bp 之间存在比较重要的功能元件。通过软件预测分析发现,该区域除含有 TATA BOX 基本顺式作用元件外,还有 6 个 DOF 核心元件(结合 DOF 蛋白的核心位点)和 1 个 MYB 元件(响应干旱和 ABA 信号的元件),这说明 DOF 元件和响应逆境和激素信号的 MYB 元件可能是影响 pBCCP$_{1195}$ 片段启动子活性的主要因素。

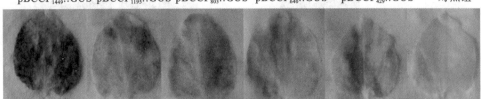

pBCCP₁₄₄₉::GUS pBCCP₁₁₉₅::GUS pBCCP₈₀₃::GUS pBCCP₆₄₀::GUS pBCCP₄₂₉::GUS 对照组

图 5-22 ***GhBCCP1*** **基因启动子缺失系列重组子在烟草叶片上瞬时表达结果**

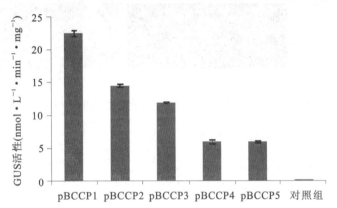

图5-23 ***GhBCCP1*** **基因启动子缺失系列载体定量分析 GUS 活性**
注:pBCCP1~pBCCP5 分别代表 pBCCP₁₄₄₉∷GUS, pBCCP₁₁₉₅∷GUS,
pBCCP₈₀₃∷GUS, pBCCP₆₄₀∷GUS 和 pBCCP₄₂₉∷GUS 重组子。

5.7 海岛棉 *GbBCCP5* 和 *GbBCCP7* 基因的功能分析

5.7.1 *GbBCCP5* 和 *GbBCCP7* 蛋白的亚细胞定位

将构建好的 GbBCCP5-GFP 表达载体、GbBCCP7-GFP 表达载体和 pBI121-GFP 菌液通过注射法注入烟草叶片下表皮,正常生长 3 d 后,撕下注射后的烟草叶片下表皮,放在激光共聚焦显微镜下,在 488 nm 和 565 nm 激发光下进行观察。如图 5-24 所示,pBI121-GFP 蛋白定位在细胞膜和细胞核上,而 GbBCCP5-GFP 和 GbBCCP7-GFP 蛋白均定位在叶绿体上。

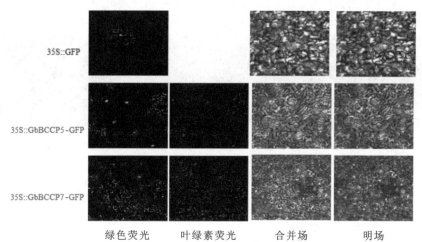

图 5-24 两个 *GbBCCP* 融合蛋白在烟草中的亚细胞定位

5.7.2 *GbBCCP5* 和 *GbBCCP7* 异源过表达酵母

随机选取三个阳性克隆酵母菌株,分别将其命名为重组酵母 INVscI(pYES2-GbBCCP5)OE1～重组酵母 INVscI(pYES2-GbBCCP5)OE3,通过酵母 RNA 提取试剂盒(R6870-01,郑州千汇基商贸有限公司)提取 RNA,反转录获得 cDNA,将得到的 cDNA 稀释 4 倍后作为 qRT-PCR 的模板,采用 GbBCCP5-qF1 和 GbBCCP5-qR1 引物,且以 *18S* 为内参基因,进行 qRT-PCR 实验。结果如图 5-25(a)所示,3 个阳性重组酵母(GbBCCP5-4、GbBCCP5-6 和 GbBCCP5-7)中 *GbBCCP5* 基因表达量显著高于转空载体对照(pYES2-9)。用组织细胞甘油三酯酶法测定其脂肪含量,结果如图 5-25(b)所示:转空载体对照和三个酵母阳性转化子 GbBCCP5-4、GbBCCP5-6 和 GbBCCP5-7 的甘油三酯含量分别为 2719.00 μmol/L、4167.33 μmol/L、4145.67 μmol/L 和 3922.33 μmol/L;与对照组相比,三个酵母阳性转化子 GbBCCP5-4、GbBCCP5-6 和 GbBCCP5-7 的油分含量分别显著提高了 53.27%、52.47% 和 44.26%。同理,在酿酒酵母中异源表达 *GbBCCP7* 基因,3 个阳性重组酵母(GbBCCP7-5、GbBCCP7-6 和 GbBCCP7-8)中 *GbBCCP7* 基因表达量显著高于转空载体对照[图 5-25(a)];3 个酵母转化子甘油三酯含量分别提高了 47.69%、57.07% 和 67.43%[图 5-25(b)]。

5.7.3 *GbBCCP5* 和 *GbBCCP7* 异源过表达拟南芥

为了进一步研究 *GbBCCP5* 和 *GbBCCP7* 的功能,分别构建了 35S∷*GbBCCP5* 和 35S∷*GbBCCP7* 的过表达载体,并转化拟南芥,经过筛选鉴定分别随机选取3个含有 *GbBCCP5* 和 *GbBCCP7* 基因的纯合 T_3 代转基因株系,进行后续的表达量和

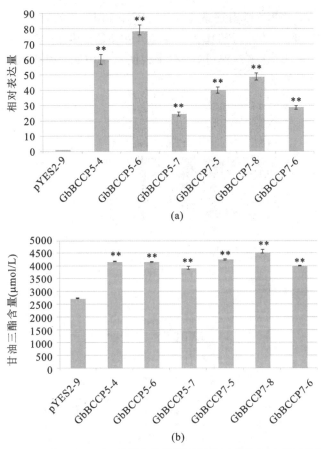

图 5-25　*GbBCCP5* 和 *GbBCCP7* 基因在转基因酵母株系中的表达量及甘油三酯含量

(a)*GbBCCP5* 和 *GbBCCP7* 基因在转基因酵母株系中的表达量；

(b)*GbBCCP5* 和 *GbBCCP7* 基因在转基因酵母株系中的甘油三酯含量

注：＊＊代表在 $P<0.01$ 水平上达到极显著水平。

油分含量测定。分别提取转 *GbBCCP5* 和 *GbBCCP7* 基因的拟南芥株系的 RNA，以反转录得到的 cDNA 为模板，以 *AtActinF* 和 *AtActinR* 为内参基因，野生型拟南芥(Col)为对照，检测 35S∷*GbBCCP5* 和 35S∷*GbBCCP7* 的转基因株系中 *Gb-BCCP5* 和 *GbBCCP7* 的表达量，发现含有 *GbBCCP5* 和 *GbBCCP7* 基因的 3 个转基因株系中 *GbBCCP5* 和 *GbBCCP7* 的表达量显著上升[图 5-26(a)]；采用核磁共振成像分析仪(Suzhou Niumag corporation，NMI20-analyst)测定野生型拟南芥、T_3 代转 *GbBCCP5* 拟南芥株系和转 *GbBCCP7* 拟南芥株系种子的油分含量。结果表明：T_3 代转 *GbBCCP5* 拟南芥株系 B5-1、B5-2 和 B5-3 的种子油分含量分别为 26.17％、30.01％和 27.71％，Col 的种子油分含量为 20.80％。相较 Col，转 *Gb-BCCP5* 拟南芥株系(B5-1、B5-2 和 B5-3)的种子油分含量均显著增加[图 5-26

（b）］；T₃代转 *GbBCCP7* 拟南芥株系 B7-1、B7-2 和 B7-3 的种子油分含量分别为 26.09％、25.94％和25.90％，相比于 Col，转 *GbBCCP7* 拟南芥株系的 3 个株系种子油分含量均显著增加［图 5-26（b）］；结果说明 *GbBCCP5* 和 *GbBCCP7* 基因均有提高植物油分含量的功能。

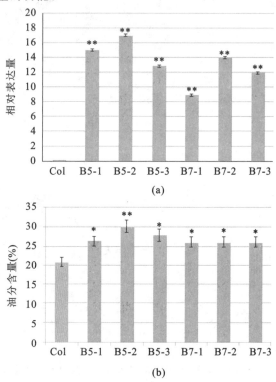

图 5-26　*GbBCCP5* 和 *GbBCCP7* 基因在转基因拟南芥株系中的表达量及油分含量

（a）*GbBCCP5* 和 *GbBCCP7* 基因在转基因拟南芥株系中的表达量；

（b）*GbBCCP5* 和 *GbBCCP7* 基因在转基因拟南芥株系中的油分含量

注：＊和＊＊分别代表在 $P<0.05$ 和 $P<0.01$ 水平上达到显著性水平和极显著水平。

5.7.4　棉花中 VIGS 沉默 *GbBCCP5* 和 *GbBCCP7* 基因

为研究 *GbBCCP5* 和 *GbBCCP7* 在棉花中的功能，本书通过病毒诱导的基因沉默（Virus Induced Gene Silencing, VIGS）技术注射海岛棉品种海 7124，共筛选出 3 个对照株系、4 个 VIGS 沉默的 *GbBCCP5* 阳性株系和 4 个 VIGS 沉默的 *GbBC-CP7* 阳性株系。取 3 个对照株系、4 个 VIGS 沉默的 *GbBCCP5* 阳性株系和 4 个 VIGS 沉默的 *GbBCCP7* 阳性株系开花后 25 d 的胚珠，提取 RNA 并反转录获得 cDNA，以其为模板，进行 qRT-PCR 分析，分别检测 *GbBCCP5* 和 *GbBCCP7* 基因的沉默效率，结果发现与 3 个对照株系中 *GbBCCP5* 和 *GbBCCP7* 基因平均表达量相比，

4 个VIGS 沉默的 *GbBCCP5* 阳性株系中 *GbBCCP5* 基因和 4 个 VIGS 沉默的 *GbBC-CP7* 阳性株系中 *GbBCCP7* 基因平均表达量分别下降 0.38％和 0.25％[图 5-27(a)]。

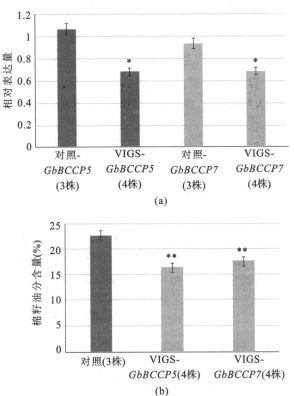

(a)

(b)

图 5-27　*GbBCCP5* 和 *GbBCCP7* 基因 VIGS 沉默株的平均表达量及棉籽油分含量

(a)*GbBCCP5* 和 *GbBCCP7* 基因 VIGS 沉默株的平均表达量；

(b)*GbBCCP5* 和 *GbBCCP7* 基因 VIGS 沉默株的棉籽油分含量

注：* 和 * * 分别代表在 $P<0.05$ 和 $P<0.01$ 水平上达到显著性水平和极显著水平。

按单株收获 3 个对照株系、4 个 *GbBCCP5* 沉默后的阳性株系和 4 个 *GbBC-CP7* 沉默后的阳性株系中部位置的棉籽，并分别进行单株棉籽油分测定，每个株系测定 3 次。结果表明：3 个对照株系的棉籽油分含量分别为 22.75％、22.69％、21.78％，平均油分含量为 22.41％；4 个 *GbBCCP5* 沉默后的阳性株系的棉籽油分含量分别为 19.66％、16.43％、12.57％和 16.91％，平均油分含量为 16.39％；4 个 *GbBCCP7* 沉默后的阳性株系的棉籽油分含量分别为 19.95％、17.11％、17.74％和15.45％，平均油分含量为 17.56％；与对照株系相比，*GbBCCP5* 和 *GbBCCP7* 基因沉默株棉籽平均油分含量分别降低 6.02％和 4.85％[图 5-27(b)]，表明 *GbBC-CP5* 和 *GbBCCP7* 基因均可调控棉籽含油量。进一步测定 *GbBCCP5* 基因沉默株棉籽的脂肪酸组分，结果发现 C14：0、C16：0 和 C18：1d6＋C18：1 的脂肪酸含量均显著减少,而 C18：2 含量显著增加(表 5-6)。

表 5-6 GbBCCP5 基因沉默株棉籽脂肪酸组分

材料	C14：0	C16：0	C16：1	C18：0	C18：1d6＋ C18：1	C18：2
对照组	0.68±0.07	28.26±1.35	0.81±0.06	2.63±0.19	30.27±7.02	37.36±8.61
VIGS-GbBCCP5	0.54±0.03**	26.47±0.78**	0.84±0.04	2.56±0.54	20.99±1.50**	48.6±1.55**

注：＊＊代表在 $P<0.01$ 水平上达到极显著水平。

5.7.5 棉花中过表达 GbBCCP5 基因

为了深入研究 GbBCCP5 基因在棉花中的功能,构建了 GbBCCP5 基因的超表达载体[图 5-28(a)],并通过农杆菌介导的方法转化棉花,获得了多个独立的转化株系[图 5-28(b)～(f)]。由于存在不育性,最终获得 2 个可收获种子的株系(OE1 和 OE2),qRT-PCR 检测结果表明,转化株系中 GbBCCP5 基因表达量显著高于对照组(图 5-29)。油分含量测定结果表明,OE1 油分含量比对照组提高 1.78%,达显著水平;脂肪酸含量测定结果表明,OE1 株系棉籽中 C16：1 含量显著增加,而 OE2 株系棉籽中 C14：0 含量显著下降(表 5-7)。

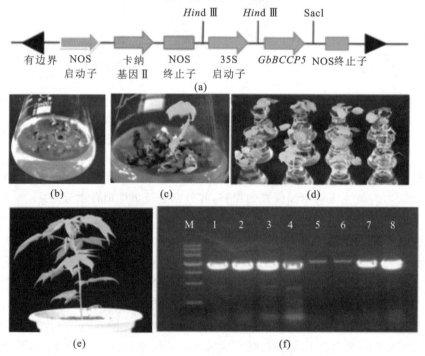

图 5-28 GbBCCP5 基因超表达载体示意图及遗传转化鉴定过程

(a)GbBCCP5 基因表达载体示意图;(b)不同时期的胚状体;

(c)再生植株;(d)练苗;(e)移栽后的阳性苗;(f)PCR 鉴定阳性植株

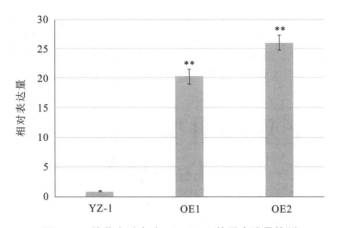

图 5-29 棉花中过表达 *GbBCCP5* 基因表达量检测

注：＊＊代表在 P＜0.01 水平上达到极显著水平。

表 5-7 过表达 *GbBCCP5* 棉花株系棉籽脂肪酸组分

材料	油分含量（％）	脂肪酸百分比						
		C14：0	C16：0	C16：1	C18：0	C18：1	C18：1	C18：2
YZ-1	27.10	0.70±0.04	24.19±0.43	0.57±0.02	2.64±0.33	15.44±1.51	0.81±0.04	55.67±2.25
OE1	28.89*	0.69±0.01	24.77±0.02	0.65±0.00**	2.52±0.01	15.15±0.21	0.77±0.01	55.48±0.23
OE2	27.22	0.58±0.01*	24.08±0.83	0.65±0.02	2.82±0.39	14.83±1.82	0.80±0.01	56.28±3.04

注：＊和＊＊分别代表在 P＜0.05 和 P＜0.01 水平上达到显著性水平和极显著水平。

　　研究表明酵母和拟南芥中异源表达 *GbBCCP5* 基因均能提高酵母和拟南芥种子的油分（图 5-25 和图 5-26）。BCCP 亚基是连接 ACCase 另外三个亚基的纽带和桥梁，而 ACCase 是脂肪酸从头合成的关键步骤，也是脂肪酸合成途径的一个重要调控位点。棉花中沉默 *GbBCCP5* 可使棉籽油分下降，而过表达 *GbBCCP5* 可增加油分含量（图 5-27 和表 5-7），但脂肪酸组分在沉默株系和过表达株系中趋势并非完全相反（表 5-6 和表 5-7），可能的原因是沉默株系是海岛棉，而过表达株系是陆地棉，也可能是沉默株的株系拷贝数与过表达的单拷贝纯系不同所致，具体原因还需要进一步研究。

6 全基因组鉴定棉花 BC 和 CTα 基因

6.1 四个棉种中 BC 和 CTα 基因家族鉴定

以拟南芥、油菜、大豆及棉花中已经报道的 BC 和 CTα 蛋白序列为查询序列（表 6-1），在构建的四个棉种基因组本地数据库中进行 BlastP 和 BlastN 检索，随后将获得的序列提交到 Pfam（PF02785）和 SMART 在线数据库中进行验证，最终在四个棉种中共鉴定出 12 个 BC 基因，即雷蒙德氏棉、亚洲棉、陆地棉和海岛棉中分别鉴定出 2、2、4 和 4 个 BC 基因家族成员（表 6-2），按照基因在染色体上的顺序进行命名。同时，通过相同的方法获得 CTα 基因候选基因，并将这些候选序列提交到 Pfam（PF03255）中验证，最终在四个棉种中鉴定出了 11 个 CTα 基因，雷蒙德氏棉、亚洲棉、陆地棉和海岛棉中分别包括 3、2、4 和 2 个 CTα 基因家族成员（表 6-3），其命名按照基因在染色体上的顺序进行。

表 6-1 其他植物中 BC 和 CTα 基因的信息

基因名称	基因登录号	物种
AtCAC2	U90879	*Arabidopsis thaliana*
BnaBC	AY034410	*Brassica napus*
BnaC. BC. a	HM116233	*Brassica napus*
BnaC. BC. b	HM116234	*Brassica napus*
BnaA. BC. a	HM116235	*Brassica napus*
BnaA. BC. b	HM116236	*Brassica napus*
GmaccC-2	AF163149.1	*Glycine max*

续表

基因名称	基因登录号	物种
GmaccC-3	AF163150.1	*Glycine max*
GhCTα1	EF564625	*Gossypium hirsutum*
GhCTα2	EF564626	*Gossypium hirsutum*
AtCAC3	AF056969	*Arabidopsis thaliana*
GmaccA-1	U34392	*Glycine max*
GmaccA-2	U40979	*Glycine max*
GmaccA-3	AF165159	*Glycine max*
BnaccA1-2	GQ341625	*Brassica napus*
BnaccA2-2	GQ341624	*Brassica napus*

表 6-2 四个棉种中 BC 基因的基本信息

基因名称	基因 ID	染色体位置	正负链	蛋白质		
				长度	分子量 (kDa)	等电点
GaBC1	Cotton_A_11687	chr07：49606680-49614551	−	619	68.82	7.62
GaBC2	Cotton_A_07308	chr11：6421100-6432721	+	516	56.55	7.94
GrBC1	Gorai.003G155100.1	chr03：42395358-42404736	−	537	58.94	7.59
GrBC2	Gorai.005G116100.1	chr05：22834836-22847070	+	549	60.46	8.31
GhBC1	Gh_A02G0879	A02：28189371-28201037	+	548	60.26	7.55
GhBC2	Gh_A03G0169	A03：2551062-2559237	+	556	60.86	6.87
GhBC3	Gh_D02G1016	D02：25096616-25108651	+	548	60.21	7.55
GhBC4	Gh_D03G1415	D03：42925910-42934036	−	556	60.92	7.19
GbBC1	Gbscaffold628.2.0	A02：31915429-31931153	−	535	58.61	7.17
GbBC2	Gbscaffold7298.61.0	A03：3091337-3107239	+	714	78.09	8.59
GbBC3	Gbscaffold18022.1.0	D02：24299060-24315234		777	84.89	8.61
GbBC4	Gbscaffold3010.9.0	D03：45538787-45559977	−	616	67.76	8.37

表 6-3 四个棉种中 CTα 基因的基本信息

基因名称	基因 ID	染色体	正负链	蛋白质		
				长度	分子量（kDa）	等电点
GaCTα1	Cotton_A_10769	Chr06：65694629-65697705	—	579	62.48	8.64
GaCTα2	Cotton_A_30019	chr12：111767156-111771076	+	763	85.31	8.33
GaCTα3	Cotton_A_31991	chr13：8940830-8944792	—	738	82.66	8.77
GrCTα1	Gorai.002G148400.1	Chr02：28330831-28334863	+	736	81.87	8.52
GrCTα2	Gorai.012G111400.1	Chr12：25133963-25138805	+	762	85.21	8.34
GhCTα1	Gh_A04G0754	A04：51012047-51015966	+	763	85.30	8.33
GhCTα2	Gh_A13G2224	scaffold3564_A13：69760-106287	—	732	81.99	8.90
GhCTα3	Gh_D04G1237	D04：40353794-40357723	+	762	85.12	8.30
GhCTα4	Gh_D13G2520	scaffold4697_D13：1179112-1183125	—	749	83.39	7.99
GbCTα1	Gbscaffold11848.1.0	A04：51327762-51333497	+	765	85.54	8.36
GbCTα2	Gbscaffold7687.5.0	D04：41329533-41335073	—	760	85.02	8.17

6.1.1 BC 基因的基本特征

从表 6-2 中可以看出，四个棉种中鉴定出的 BC 亚基蛋白的氨基酸长度在 516~777 之间，氨基酸数目最多的为 *GbBC3*，含有 777 个氨基酸，氨基酸数目最少的为 *GaBC2*，仅含有 516 个氨基酸；BC 基因编码蛋白质的分子量大小在 56.55~84.89 kDa 范围内，其中 *GbBC3* 基因编码蛋白质的分子量最大，为 84.89 kDa，而 *GaBC2* 基因编码蛋白质的最小，仅为 56.55 kDa；四个棉种中鉴定出的 BC 蛋白等电点在 6.87~8.61 之间，*GbBC3* 编码的蛋白等电点最高，为 8.61，*GhBC2* 最低，仅为 6.87。

6.1.2 CTα基因的基本特征

从表 6-3 中可以看出，四个棉种中鉴定出的 11 个 CTα 基因,氨基酸长度在 579～765 之间,氨基酸数目最多的为 *GbCTα1*,含有 765 个氨基酸,氨基酸数目最少的为 *GaCTα1*,仅含有 579 个氨基酸;CTα 蛋白的分子量大小在 62.48～85.54 kDa范围内,其中 *GbCTα1* 编码蛋白分子量最大,为 85.54 kDa,而 *GaCTα1* 最小,仅为62.48 kDa;四个棉种中鉴定出的 CTα 蛋白等电点在 7.99～8.90 之间,*GhCTα2* 编码蛋白等电点最高,为 8.90,而 *GhCTα4* 最低,仅为 7.99。

6.1.3 BC 和 CTα 基因的数量和比例

研究表明,棉花异质型 ACCase 是由 BCCP、BC、CTα 和 CTβ 四个亚基蛋白以某种形式结合形成的全酶,前人推测异质型 ACCase 可能的分子形式是(BCCP)$_4$ (BC)$_2$(CTα)$_2$(CTβ)$_2$,从四个棉种中鉴定出的 BCCP、BC、CTα 基因数目发现,BCCP、BC 基因的数目和比例与推测的分子形式一致。雷蒙德氏棉和海岛棉中 CTα 基因数目和比例与推测的分子形式不一致,出现不对称扩增或减少现象。

6.2 四个棉种中 BC 和 CTα 基因的分布和同源性

将 BC 和 CTα 同系物基因分别定位在四个棉种对应的染色体上(图 6-1、图 6-2),发现 BC 和 CTα 在四个棉种染色体上的分布与 BCCP 基因的分布结果一致,即每个基因均以单个形式分布在染色体上。构建进化树研究 BC 和 CTα 基因在四个棉种之间的直系同源关系(图 6-3、图 6-4)。最后,鉴于 BCCP、BC 和 CTα 基因是异质型 ACCase 的三个亚基基因,故又绘制了这 3 种基因在四个棉种中直系同源基因关系的共线性图(图 6-5)。值得一提的是,异质型 ACCase 的另外一个亚基基因(CTβ),由叶绿体基因组编码,所以本书中并未对该基因进行鉴定和分析。

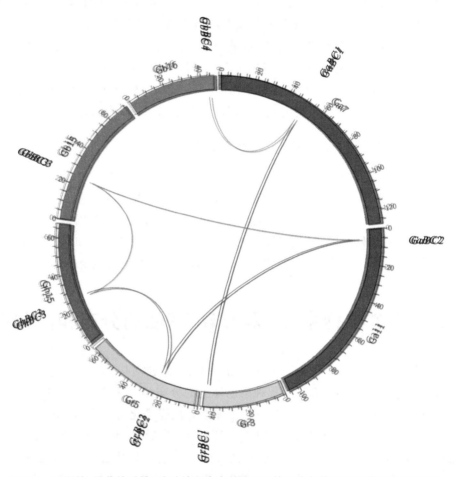

图6-1 亚洲棉、雷蒙德氏棉、陆地棉和海岛棉中BCC基因染色体定位和直系同源关系

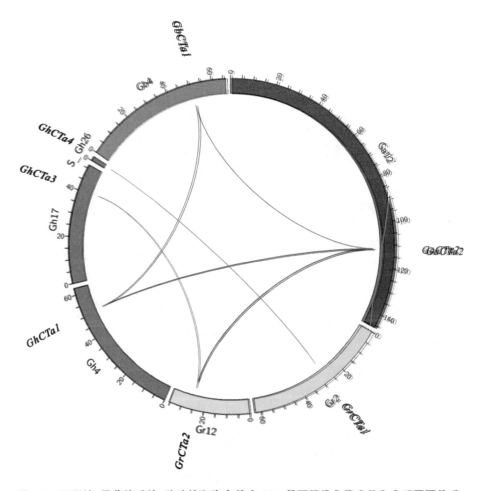

图 6-2　亚洲棉、雷蒙德氏棉、陆地棉和海岛棉中 CTα 基因的染色体定位和直系同源关系

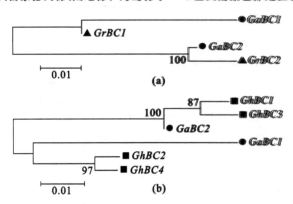

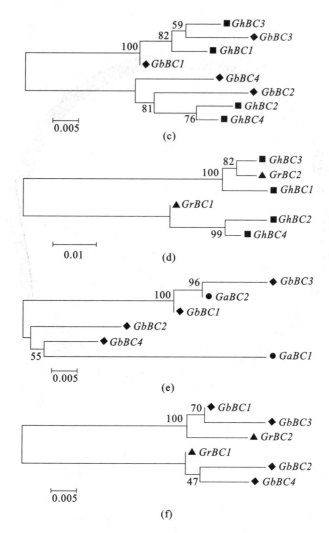

图 6-3 雷蒙德氏棉、亚洲棉、陆地棉和海岛棉 BC 蛋白的进化树

(a)雷蒙德氏棉和亚洲棉 BC 蛋白的进化树;(b)陆地棉和亚洲棉 BC 蛋白的进化树;

(c)陆地棉和海岛棉 BC 蛋白的进化树;(d)陆地棉和雷蒙德氏棉 BC 蛋白的进化树;

(e)海岛棉和亚洲棉 BC 蛋白的进化树;(f)海岛棉和雷蒙德氏棉 BC 蛋白的进化树

注:(a)、(b)、(d)中标尺均代表对应进化树中 1%序列差异,(c)、(e)、(f)中标尺均代表对应进化树中 0.5%序列差异。

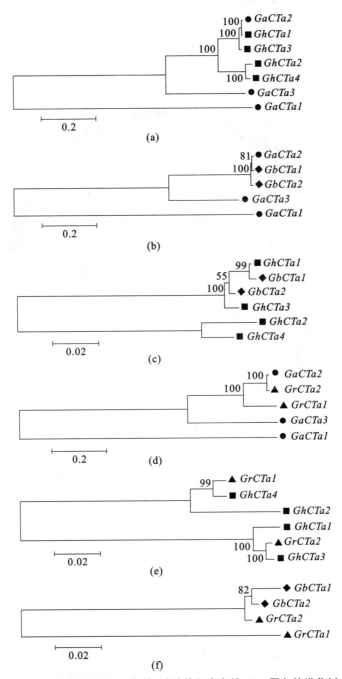

图 6-4 雷蒙德氏棉、亚洲棉、陆地棉和海岛棉 CTα 蛋白的进化树

(a)亚洲棉和陆地棉 CTα 蛋白的进化树;(b)亚洲棉和海岛棉 CTα 蛋白的进化树;

(c)陆地棉和海岛棉 CTα 蛋白的进化树;(d)雷蒙德氏棉和亚洲棉 CTα 蛋白的进化树;

(e)雷蒙德氏棉和陆地棉 CTα 蛋白的进化树;(f)雷蒙德氏棉和海岛棉 CTα 蛋白的进化树

注:(a)、(b)、(d)中标尺均代表对应进化树中 20%序列差异,(c)、(e)、(f)中标尺均代表对应进化树中 2%序列差异。

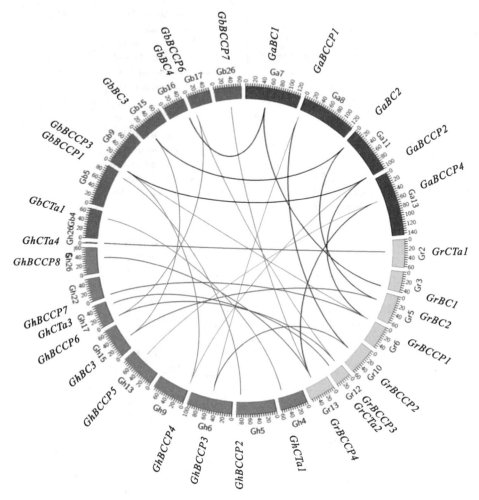

图 6-5　亚洲棉、雷蒙德氏棉、陆地棉和海岛棉中 BCCP、BC 和 CTα 基因的
染色体定位和直系同源关系

6.2.1　BC 基因的分布和同源性

四个棉种中成功鉴定出 6 组 BC 直系同源基因（图 6-3）。雷蒙德氏棉和亚洲棉中均存在 2 个 BC 基因，$GrBC1$ 和 $GaBC1$、$GrBC2$ 和 $GaBC2$ 均处在进化树末端分支上，是一一对应的直系同源基因［图 6-3（a）］。陆地棉与海岛棉中鉴定出 1 组 BC 直系同源基因，$GhBC3$ 和 $GbBC3$ 都位于各自基因组的第 15 号染色体上［图 6-3（c）］。陆地棉与雷蒙德氏棉中存在 1 组直系同源基因［图 6-3（d）］，$GhBC3$ 和 $GrBC2$ 处在进化树的同一末端分支，是一对直系同源基因。海岛棉与亚洲棉中存在 2 组直系同源基因，分别为 $GbBC3$ 和 $GaBC2$、$GbBC4$ 和 $GaBC1$［图 6-3（e）］。

6.2.2 CTα基因的分布和同源性

四个棉种中成功鉴定出 6 组 CTα 直系同源基因。这些直系同源基因均处在进化树末端分支上，分别为 *GhCTα1*/*GaCTα2*［图 6-4（a）］、*GbCTα1*/*GaCTα2*［图 6-4（b）］、*GhCTα1*/*GbCTα1*［图 6-4（c）］、*GaCTα2*/*GrCTα2*［图 6-4（d）］、*GhCTα3*/*GrCTα2* 和 *GhCTα4*/*GrCTα1*［图 6-4(e)］。

6.3 四个棉种中 BC 和 CTα 基因的结构比较

6.3.1 四个棉种中 BC 基因的结构比较分析

从图 6-6 中可以看出，雷蒙德氏棉和陆地棉中鉴定出的 BC 基因均具有 16 个外显子和 15 个内含子，但这些基因中内含子长度变化较大。亚洲棉中 *GaBC1* 和海岛棉中 *GbBC1* 基因也包含 16 个外显子和 15 个内含子，而 *GaBC2* 基因包含 15 个外显子和 14 个内含子，*GbBC2* 和 *GbBC4* 均包含 19 个外显子和 18 个内含子，*GbBC3* 包含 21 个外显子和 20 个内含子。

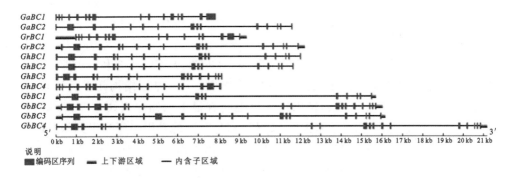

说明
■编码区序列   ■上下游区域   —内含子区域

图 6-6 棉花中 12 个 BC 基因结构

通过对四个棉种中 6 组直系同源 BC 基因结构进行比较分析（图 6-7）发现，有 2 组直系同源基因的基因结构相似，具有相同的外显子和内含子数目。直系同源基因中 *GrBC1*/*GaBC1* 和 *GhBC3*/*GrBC2* 都含有 16 个外显子和 15 个内含子；其中 *GrBC1* 和 *GaBC1* 的外显子和内含子长度非常相似，但 *GhBC3*/*GrBC2* 虽所含外显子和内含子数目相同，但外显子和内含子的长度不同。剩下 4 组 BC 直系同源基因的外显子和内含子数目变化较大。*GrBC2* 具有 16 个外显子和 15 个内含子，而其对应的直系同源基因 *GaBC2* 有 15 个外显子和 14 个内含子；*GhBC3* 具有 16 个外显子和 15 个内含子，而其对应的直系同源基因 *GbBC3* 有 21 个外显子和 20

个内含子;*GbBC4* 具有 19 个外显子和 18 个内含子,而其对应的直系同源基因 *GaBC1* 有 16 个外显子和 15 个内含子;*GbBC3* 有 21 个外显子和 20 个内含子,而其对应的直系同源基因 *GrBC2* 有 15 个外显子和 14 个内含子。

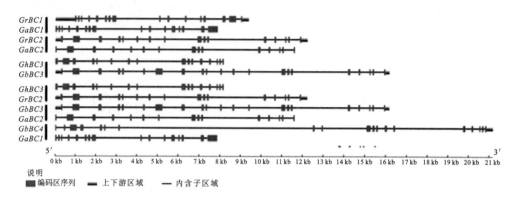

图 6-7　四个棉种中 6 组 BC 直系同源基因的结构

6.3.2　四个棉种中 CTα 基因的结构比较分析

从图 6-8 中可以看出,亚洲棉和海岛棉中鉴定出的 CTα 基因均具有 10 个外显子和 9 个内含子,其中海岛棉中 *GbCTα1* 与 *GbCTα2* 的基因结构几乎一样。*GaCTα3* 基因结构比较奇怪,NCBI 比对其 CDS 序列和对应的基因组序列发现序列方向相反,最终导致 *GaCTα3* 显示出的基因结构中外显子长度与 *GaCTα2* 的几乎相反(图 6-8)。陆地棉中 4 个 *GhCTα* 基因中 *GhCTα1*、*GhCTα3* 和 *GhCTα4* 均含有 10 个外显子和 9 个内含子,其中 *GhCTα1* 与 *GhCTα3* 基因结构几乎一样,仅 3 bp 的差别。由于调取出来的基因组序列中间有很多未知序列,*GhCTα2* 基因的结构不是很确定,初步比对该基因的 CDS 序列与对应的基因组序列得到的基因结构显示,包含 13 个外显子和 12 个内含子。雷蒙德氏棉中 2 个 *GrCTα* 基因没有内含子。

进一步比较分析四个棉种中存在的 6 组 CTα 直系同源基因的结构(图 6-9),发现 3 组直系同源基因(*GhCTα1/GaCTα2*、*GbCTα1/GaCTα2* 和 *GhCTα1/GbCTα1*)的结构几乎相同,均含有 10 个外显子和 9 个内含子,且外显子和内含子的长度也几乎相同。剩下 3 组直系同源基因(*GaCTα2/GrCTα2*、*GhCTα3/GrCTα2*、*GhCTα4/GrCTα1*)的结构完全不同,*GhCTα3* 包含 10 个外显子和 9 个内含子,而与其对应的直系同源基因 *GrCTα2* 只有 1 个较长的外显子,无内含子。

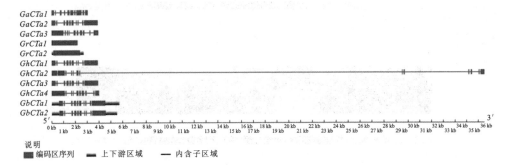

图 6-8　棉花中 11 个 CTα 基因结构

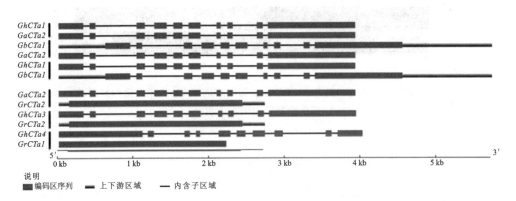

图 6-9　四个棉种中 6 组 CTα 直系同源基因的结构

6.4　*GhBC* 和 *GhCTα* 基因的表达

6.4.1　*GhBC* 和 *GhCTα* 基因在不同组织中的表达

从图 6-10 中可以看出,4 个 *GhBC* 和 4 个 *GhCTα* 基因在陆地棉 TM-1 的根、茎、叶、花和胚珠发育 5 个时期的组织中均检测到表达,且存在组织特异性表达。其中 *GhBC1*、*GhBC3*、*GhCTα1* 和 *GhCTα3* 在胚珠发育的 5 个时期(5 DPA、10 DPA、20 DPA、25 DPA 和 35 DPA)转录水平较高,这与 5.6.1 节 4 个 *GhBCCP* 亚基因(*GhBCCP2*、*GhBCCP4*、*GhBCCP6* 和 *GhBCCP7*)在胚珠组织中的表达趋势一致。

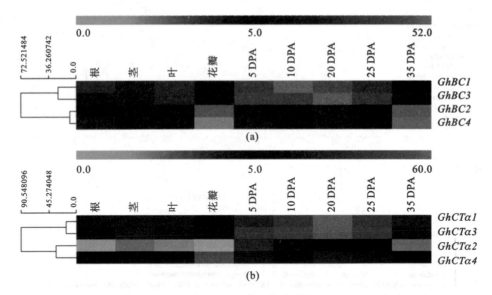

图 6-10　4 个 *GhBC* 和 4 个 *GhCTα* 基因在陆地棉 TM-1 不同组织和胚珠
不同发育阶段的表达模式

(a)*GhBC* 基因；(b)*GhCTα* 基因

6.4.2　不同环境胁迫下 *GhBC* 基因的表达

下载陆地棉 TM-1 中盐胁迫、干旱胁迫(PEG)、低温胁迫和热胁迫的 RNA-Seq 数据,将这些转录组数据与陆地棉 BC 基因的序列进行匹配,最后将匹配上的短序列数目转化成对应的 FPKM 来评估这些目的基因的表达水平。如图 6-11(a)所示,*GhBC1* 和 *GhBC4* 短时间(1 h)低温胁迫处理后转录水平显著提高,*GhBC2*则呈现"升—降—升—降"的趋势,*GhBC3* 在低温胁迫处理 6 h 后表达上调,12 h 后表达下调。4 个 *GhBC* 基因(*GhBC1*、*GhBC2*、*GhBC3* 和 *GhBC4*)均在热胁迫处理 1 h 后表达上调[图 6-11(b)]。*GhBC1* 和 *GhBC3* 在 PEG 胁迫处理 1 h 后转录水平提高,之后急剧下降,直到 12 h 后转录水平又提高,产生这一现象可能的原因是BC 基因的转录受到反馈抑制调节[图 6-11(c)]。TM-1 中 4 个 BC 基因随着盐胁迫处理的持续,在 12 h 时 *GhBC1*、*GhBC3* 和 *GhBC4* 转录水平上调,而 *GhBC2* 不表达[图 6-11(d)]。

6.4.3　不同环境胁迫下 *GhCTα* 基因的表达

4 个 *GhCTα* 基因在低温胁迫、热胁迫、PEG 胁迫和盐胁迫下的表达模式如图 6-12 所示。*GhCTα1*、*GhCTα2* 和 *GhCTα4* 在低温胁迫 1 h 后表达上调,随后逐渐下调,而 *GhCT3* 随着低温胁迫处理的持续,转录水平一直下降[图 6-12(a)]。

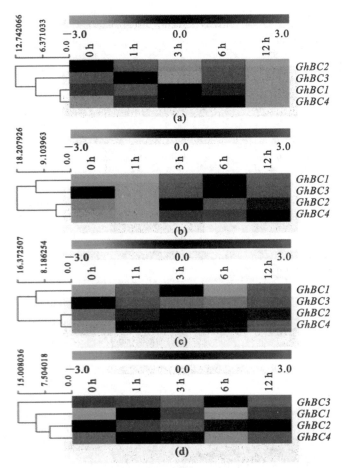

图 6-11 不同环境胁迫下 4 个 *ChBC* 基因在陆地棉 TM-1 叶片中的表达模式
(a)低温胁迫;(b)热胁迫;(c)PEG 胁迫;(d)盐胁迫

GhCTα1 热胁迫 1 h 后转录水平持续上调;*GhCTα2* 仅在热胁迫处理 1 h 转录水平轻微下降,随后转录水平对热胁迫无响应;而 *GhCTα3* 和 *GhCTα4* 在热胁迫处理短时间(1 h)内转录水平下调,之后随着胁迫处理的持续,表达水平持续上升[图 6-12(b)]。PEG 胁迫处理下,*GhCTα1* 和 *GhCTα3* 在 1 h 后表达上调,之后转录水平逐渐下降,12 h 后又开始上调表达;*GhCTα2* 仅在 PEG 胁迫处理 3 h 后转录水平轻微上升,6 h 后转录水平下降;*GhCTα4* 转录水平在 PEG 胁迫下表达上调,且 12 h 转录水平达到最高峰[图 6-12(c)]。在盐胁迫处理下,*GhCTα1*、*GhCTα2*、*GhCTα3* 和 *GhCTα4* 均在不同时期表现不同程度的上调趋势,其中 *GhCTα1*、*GhCTα3* 和 *GhCTα4* 在盐胁迫 12 h 后转录水平最高,*GhCTα2* 在短时间的盐胁迫处理后(3 h)转录水平达到最高峰[图 6-12(d)]。

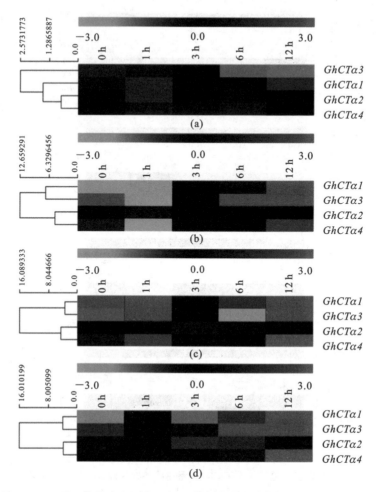

图 6-12 不同环境胁迫下 4 个 *GhCTα* 基因在陆地棉 TM-1 叶片中的表达模式

(a)低温胁迫；(b)热胁迫；(c)PEG 胁迫；(d)盐胁迫

7 不同油分含量材料中棉花异质型 ACCase 亚基基因功能研究

7.1 不同油分含量材料棉仁含水量、形态、干重及油分含量的变化

7.1.1 8 份棉花材料棉仁不同发育时期的含水量变化

在盛花期,对 8 份棉花材料(Xu244、11-0711、11-0509、11-0512、11-0514、10H1007、10H1014 和 10H1041)进行挂牌自交,其棉籽油分含量详见文献[69]。分别取其开花后 20 d、25 d、30 d、35 d、40 d 的棉铃,并分离棉纤维、棉仁和棉壳。分别称取每份样品的棉仁鲜重放入牛皮纸袋内,在 80 ℃恒温烘箱中烘至恒重。记录这 8 份棉花材料不同发育时期的棉仁烘后干重。从表 7-1 和表 7-2 中可以看出:随着种子逐渐成熟,8 份材料中棉仁含水量总体上逐渐下降。在 20～25 DPA 阶段,8 份材料的水分含量在 76.4%～86.2%,该时期水分含量下降最快的材料为11-0509,其次为 11-0512、再次为 11-0711。30 DPA 阶段,8 份材料含水量可分为两类:一类在 73%左右,另一类在 77%～78.4%范围内。25～30 DPA 阶段,11-0512的棉仁含水量减少最少,其次为 11-0509,再次为 11-0514。20～30 DPA 阶段,棉仁含水量减少最少的为 11-0512,最多的为 10H1014。35 DPA 阶段,8 份材料棉仁含水量在 61.6%～68.7%;30～35 DPA 阶段,10H1014 材料含水量减少最少,仅减少 7.0%(表 7-2);25～35 DPA 阶段,11-0512 的棉仁含水量仅减少 10%。40 DPA 时,水分含量变化范围在 53.2%～59.0%。随着种子逐渐成熟,棉花棉仁含水量逐渐减少,但大多数材料从 25 DPA 后,每隔 5 d 下降 6.2%～11.0%。本书中 8 材料的棉仁含水量变化趋势与之前研究的 4 份材料(10H1007、10H1014、10H1041 和 Xu244)棉仁含水量变化趋势大致一致,但存在部分区别,主要原因在

于材料数量不同,同一材料取样年份和时间也不一样。

表 7-1　8 份棉花材料不同发育时期棉仁含水量变化

棉花材料	不同发育时期				
	20 DPA	25 DPA	30 DPA	35 DPA	40 DPA
Xu244	86.1%	84.0%	73.2%	62.6%	55.9%
11-0711	82.9%	79.8%	72.9%	62.9%	53.2%
11-0509	82.7%	76.4%	73.9%	63.9%	54.2%
11-0512	82.2%	78.7%	78.4%	68.7%	59.0%
11-0514	83.2%	84.9%	77.0%	67.0%	57.3%
10H1007	84.6%	82.9%	73.2%	61.6%	58.9%
10H1014	84.8%	83.2%	71.5%	64.5%	56.8%
10H1041	86.2%	85.1%	77.0%	65.9%	55.2%

注:每份材料重复试验 2 次,通过计算标准差发现均很小,保留三位小数后为 0,所以表中结果数据后没有显示标准差。

表 7-2　8 份棉花材料不同发育时期棉仁含水量间隔 5 d 和 10 d 的变化

棉花材料	不同发育时期						
	20～25 DPA	25～30 DPA	30～35 DPA	35～40 DPA	20～30 DPA	25～35 DPA	30～40 DPA
Xu244	2.1%	10.8%	10.6%	6.7%	12.9%	21.4%	17.3%
11-0711	3.1%	6.9%	10%	9.7%	10%	16.9%	19.7%
11-0509	6.3%	2.5%	10%	9.7%	8.8%	12.5%	19.7%
11-0512	3.5%	0.3%	9.7%	9.7%	3.8%	10.0%	19.4%
11-0514	1.7%	6.2%	10%	9.7%	7.9%	16.2%	19.7%
10H1007	1.7%	9.7%	11.6%	2.7%	11.4%	21.3%	14.3%
10H1014	1.6%	11.7%	7.0%	7.7%	13.3%	18.7%	14.7%
10H1041	1.1%	8.1%	11.1%	10.7%	9.2%	19.2%	21.8%

7.1.2　8份棉花材料棉仁不同发育时期形态及干重的变化

7.1.2.1　8份棉花材料棉仁不同发育时期幼胚形态变化

根据报道,同一棉花材料中,同一植株不同部位上的棉铃,甚至是同一棉铃内中部和前、后部位的棉籽成熟度都不一致[125],因此通过分离棉壳的鲜棉仁形态来判定棉仁成熟度并不可靠。本书用烘干后的棉仁形态来表征棉仁成熟度,从图7-1中可以看出,8份棉花材料不同发育时期棉仁烘干后的大小及形态并没有太大区别。

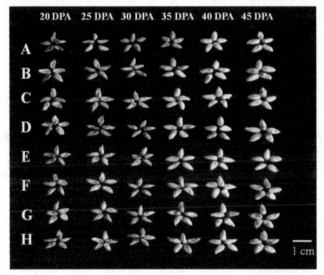

图7-1　8份棉花材料棉仁不同发育时期棉仁形态

注:A~H分别代表棉花品系Xu224、11-0509、11-0512、10H1041、
10H1014、10H1007、11-0514和11-0711。

7.1.2.2　8份棉花材料棉仁不同发育时期的百粒重变化

为了进一步分析这8份棉花材料不同发育时期烘干后的棉仁百粒重变化,对每份材料烘干后的100粒棉仁进行称重,每个样品重复称重3次。从表7-3中可以看出,随着棉仁逐步成熟,百粒重也逐渐增加。如表7-4所示,20~25 DPA阶段,8份材料平均增加0.368 g,10H1014棉仁的百粒重增加最少,仅为0.021 g,而11-0512材料的百粒重增加最多,多达0.660 g;25~30 DPA阶段,8份材料平均增加1.013 g,其中11-0509材料在该阶段百粒重增加最少,其次为11-0512;30~35 DPA阶段,8份材料平均增加1.141 g,其中10H1041材料在该阶段百粒重增加最多,多达1.393 g;35~40 DPA阶段,百粒重平均增加0.908 g,但10H1014材料仅增加0.391 g。

表7-3　8份棉花材料不同发育时期棉仁百粒重的变化(单位:g)

棉花材料	不同发育时期				
	20 DPA	25 DPA	30 DPA	35 DPA	40 DPA
Xu244	1.45±0.02^{bc}	1.86±0.03^{ab}	2.81±0.00^{c}	3.99±0.04^{b}	4.61±0.01^{c}
11-0711	1.52±0.03^{bc}	1.87±0.01^{ab}	2.88±0.00^{abc}	4.00±0.03^{b}	4.60±0.03^{c}
11-0509	1.54±0.02^{bc}	2.05±0.11^{a}	2.82±0.05^{c}	4.03±0.00^{b}	5.60±0.05^{a}
11-0512	1.39±0.03^{cd}	2.05±0.06^{a}	2.85±0.04^{bc}	3.91±0.02^{b}	4.98±0.02^{b}
11-0514	1.26±0.08^{d}	1.71±0.06^{b}	2.83±0.01^{bc}	4.02±0.02^{b}	4.89±0.01^{b}
10H1007	1.60±0.03^{ab}	1.77±0.07^{ab}	2.91±0.03^{abc}	3.93±0.03^{b}	4.88±0.09^{b}
10H1014	1.75±0.02^{a}	1.77±0.05^{ab}	2.95±0.01^{ab}	3.90±0.11^{b}	4.29±0.01^{d}
10H1041	1.48±0.03^{bc}	1.85±0.05^{ab}	2.99±0.00^{a}	4.38±0.04^{a}	5.58±0.01^{a}

注:上标的字母表示不同材料相同时期间差异显著($P<0.05$)。

表7-4　8份棉花材料棉仁不同发育时期间隔5天的百粒重变化(单位:g)

棉花材料	不同发育时期			
	20~25 DPA	25~30 DPA	30~35 DPA	35~40 DPA
Xu244	0.409	0.954	1.181	0.613
11-0711	0.355	1.007	1.119	0.596
11-0509	0.504	0.769	1.213	1.571
11-0512	0.66	0.797	1.067	1.071
11-0514	0.452	1.118	1.188	0.874
10H1007	0.175	1.138	1.022	0.949
10H1014	0.021	1.185	0.944	0.391
10H1041	0.37	1.139	1.393	1.196

7.1.3　8份棉花材料棉仁不同发育时期油分含量的变化

通过索氏提取法测定8份棉花材料不同发育时期的棉仁油分含量。从表7-5可以看出,不同材料棉仁不同发育过程中油分含量积累速率不同。在20~30 DPA阶段,棉仁油分积累速度较快;30~35 DPA阶段,虽然这8份棉花材料油分含量均有所增加,但棉仁油分积累速率开始变慢;35~40 DPA阶段,油分含量积累趋势可分为两种类型:一种是油分含量有所降低(Xu244、11-0509、11-0512和11-0514);

另一种是油分含量仍然有所增加（11-0711、10H1007、10H1014 和 10H1041）。35～40 DPA 阶段,11-0509 棉仁的油分含量下降幅度最大,且在田间观察可以发现,该材料植株繁茂,结铃较少。这些结果表明,油分含量降低的棉花材料在 35 DPA 阶段就已经达到油分积累的最高峰,其后随着种子逐渐成熟,油分含量有轻微下降,这可能与脂肪酸分解代谢途径有关。35～40 DPA 阶段,油分含量有所增加的棉花材料中,高油分材料油分增加幅度较大,而低油分材料油分增加幅度不大,这表明低油分材料的油分积累在 35～40 DPA 阶段已达平台期,而高油分材料的油分积累仍在进行。

表 7-5　8 份棉花材料棉仁不同发育时期的油分含量变化

棉花材料	不同发育时期				
	20 DPA	25 DPA	30 DPA	35 DPA	40 DPA
Xu244	2.72 ± 0.04^c	15.41 ± 0.35^c	27.02 ± 0.14^{cd}	27.70 ± 0.18^d	$26.41\pm0.01f$
11-0711	2.94 ± 0.27^c	17.71 ± 0.18^{ab}	21.84 ± 0.25^f	26.26 ± 0.43^e	27.42 ± 0.02^e
11-0509	4.44 ± 0.19^b	16.78 ± 0.31^b	30.64 ± 0.12^a	32.36 ± 0.57^a	28.12 ± 0.03^d
11-0512	4.58 ± 0.15^b	18.08 ± 0.73^{ab}	26.54 ± 0.18^d	28.33 ± 0.17^d	28.25 ± 0.19^d
11-0514	4.17 ± 0.00^b	11.94 ± 0.13^e	27.40 ± 0.20^{cd}	30.70 ± 0.29^b	29.51 ± 0.01^c
10H1007	4.29 ± 0.03^b	14.03 ± 0.02^d	24.05 ± 0.04^e	28.31 ± 0.02^d	29.69 ± 0.02^c
10H1014	6.25 ± 0.02^a	11.67 ± 0.02^e	29.31 ± 0.01^b	29.49 ± 0.01^c	33.55 ± 0.01^b
10H1041	1.27 ± 1.27^d	15.57 ± 0.01^c	26.72 ± 0.02^d	32.53 ± 0.03^a	35.29 ± 0.02^a

注:上标的字母表示不同材料相同时期间差异显著($P<0.05$)。

7.2　异质型 GhACCase 亚基基因在棉花中的表达分析

7.2.1　异质型 GhACCase 亚基基因在棉花材料幼胚中的表达分析

通过定量 qRT-PCR 研究棉花异质型 GhACCase 四亚基基因在 8 份棉花材料幼胚中的表达模式。分别以陆地棉 Xu244、11-0711、11-0509、11-0512、11-0514、10H1007、10H1014 和 10H1041(20 DPA、25 DPA、30 DPA 和 35 DPA)的总 RNA 作为模板,以 *GhUBQ7* 为内参基因,比较这四个亚基基因在幼胚发育不同时期的相对表达水平(图 7-2、图 7-3)。

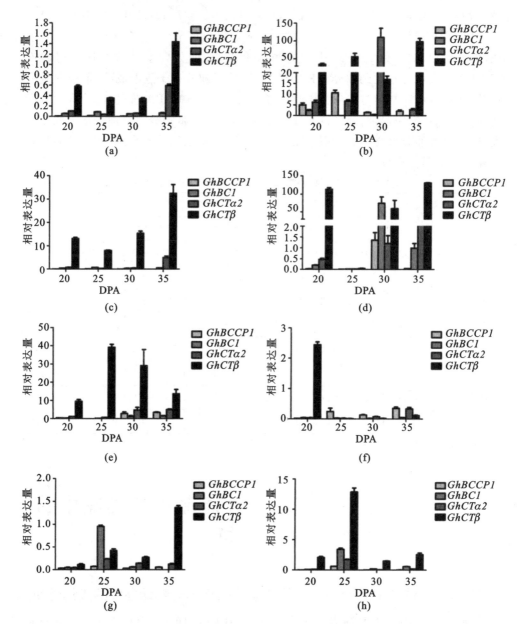

图 7-2　8 份棉花材料幼胚不同发育时期 *GhBCCP1*、*GhBC1*、*GhCTα2* 和 *GhCTβ* 基因的表达模式

　(a)Xu244；(b)11-0711；(c)11-0509；(d)11-0512；(e)11-0514；(f)10H1007；(g)10H1014；(h)10H1041

　　注：取 3 次重复的平均值进行显著性分析，误差棒为 3 次重复的标准差。每个反应以 *GhUBQ7* 为内参基因进行均一化。

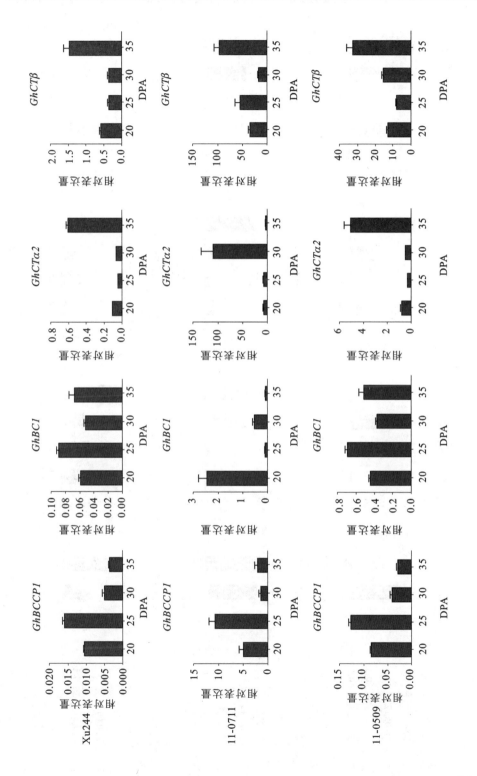

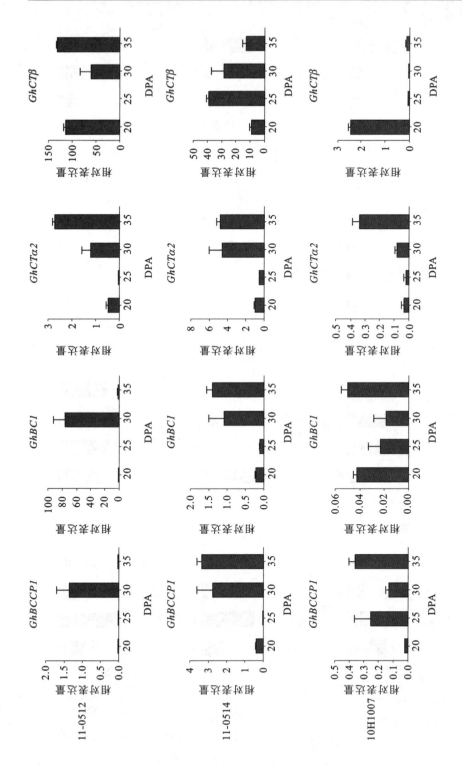

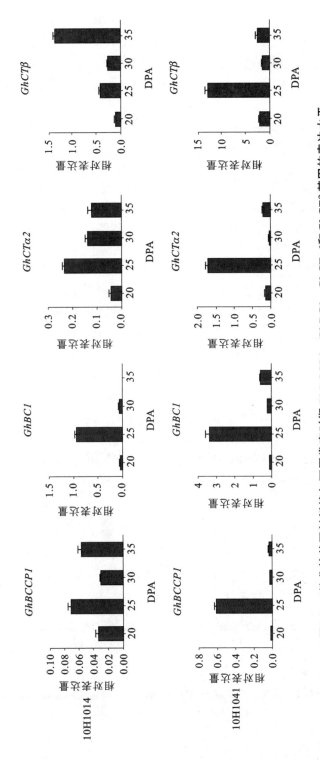

图7-3 8份非转基因材料棉仁不同发育时期*GhBCCP1、GhBC1、GhCTα2*和*GhCTβ*基因的表达水平

注：取3次重复的平均值进行显著性分析，误差棒为3次重复的标准差。每个反应以*GhUBQ7*为内参基因进行均一化。

qRT-PCR 分析结果(图 7-2)显示,同一材料中 *GhBCCP1* 和 *GhBC1* 基因表达高峰在同一个时期,*GhCTα2* 和 *GhCTβ* 基因表达高峰在另一个时期,或四个亚基基因的表达高峰均在不同时期,材料油分含量较低[图 7-2(a)~(d)],如 Xu244、11-0711、11-0509 和 11-0512。分析异质型 GhACCase 亚基基因在 Xu244、11-0509 和 11-0512 材料中的表达量发现,*GhCTβ* 基因表达高峰均在 35 DPA,*GhCTβ* 基因表达量越高,材料油分含量就越高(图 7-3)。*GhBCCP1*、*GhBC1*、*GhCTα2* 基因表达高峰在同一个时期的材料,油分含量相对较高,如 11-0514、10H1007 和 10H1014[图 7-2(e)~(g)]。四个亚基基因表达高峰在同一个时期的材料,油分含量最高,如 10H1041。这四个亚基基因均在胚珠发育的 25 DPA 表达量最高,而该时期正是油分积累速度最快的时期[图 7-2(g)]。这表明只有四个亚基基因在同一时期协同表达,才能最大限度地提高油分含量。

7.2.2 异质型 GhACCase 亚基基因在棉花不同组织中的表达模式

为分析 *GhBCCP1*、*GhBC1*、*GhCTα2* 和 *GhCTβ* 基因在 Xu244 不同组织中的表达模式,设计荧光定量引物检测这些基因在根、茎、叶及纤维不同发育时期(5 DPA、10 DPA、15 DPA、20 DPA 和 25 DPA)组织中的相对表达水平,结果表明,这四个基因均在检测的组织中表达,但表达量各不相同(图 7-4、图 7-5),这一结果暗示异质型 GhACCase 四亚基基因在棉花生长和代谢中起着不可或缺的作用。*GhCTβ* 基因由叶绿体基因编码,其在叶片中的转录水平比 *GhBCCP1*、*GhBC1* 和 *GhCTα2* 基因高 3~31 倍,叶片中 *GhCTβ* 基因表达量较高可能是由于叶片细胞中含有大量的叶绿体。四个基因在不同发育时期纤维中的表达量各不相同,其中 *GhCTβ* 基因和 *GhBC1* 基因表达量在纤维发育的 15 DPA 和 20 DPA 呈现短暂的急剧上升[图 7-5(d)、(b)],说明这两个基因可能在纤维发育特定时期起着重要的作用。

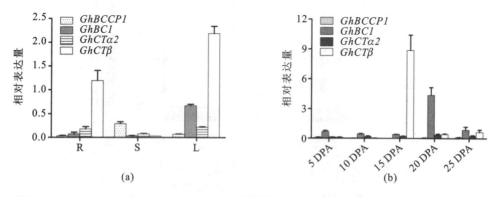

(a)　　　　　　　　　　　　　　　　(b)

图 7-4 *GhBCCP1*、*GhBC1*、*GhCTα2* 和 *GhCTβ* 基因在 Xu244 不同组织和发育时期中的表达模式

注:R、S、L 分别表示根、茎、叶。

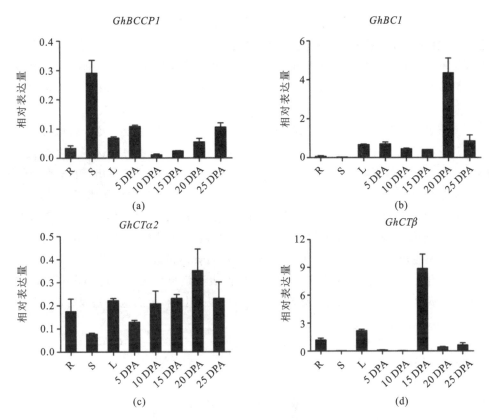

图 7-5　异质型 GhACCase 亚基基因在不同组织中的表达模式

注：R、S、L 分别表示根、茎、叶；以 *GhUBQ7* 为内参基因。

7.2.3　不同环境胁迫下异质型 GhACCase 亚基基因的表达模式

为分析 *GhBCCP1*、*GhBC1*、*GhCTα2* 和 *GhCTβ* 基因在不同环境胁迫中的作用，本书检测了这四个基因在脱落酸（abscisic acid，ABA，一种具有倍半萜结构的植物激素，对种子休眠、根生长发育和植株生长等过程具有重要意义）、茉莉酸甲酯（MeJA，为与损伤相关的植物激素和信号分子，广泛地存在于植物体中，外源应用能够激发防御植物基因的表达）和低温（4 ℃）处理下的表达模式。qRT-PCR 结果表明，与对照组相比，这四个基因在处理后的表达模式和表达各异（图 7-6）。如图 7-6（a）所示，*GhBCCP1* 基因在 ABA 处理 8 h 后，表达量显著上调（$P<0.05$），在 24 h 时表达量是对照组的 3 倍左右；在 MeJA 处理 1 h 后，*GhBCCP1* 基因表达量急剧上升，约是对照组的 4 倍，并达到显著水平（$P<0.05$），随后快速下降，直到 24 h 后再次上调表达（$P<0.05$），表达量约为对照组的 2 倍；而 *GhBCCP1* 基因在低温胁迫 8 h 时显著下调，之后表达量开始上升，在 24 h 时表达上调（$P<0.05$），

表达量约为对照组的 10 倍。*GhBC1* 基因在 ABA 处理 8 h 内表达下调,之后表达上调,且在 12 h 时达到最高峰,约为对照组表达量的 3.3 倍;*GhBC1* 基因在 MeJA处理下的表达模式与 ABA 处理并不相同,*GhBC1* 基因在 MeJA 处理 1 h 时,表达量达到高峰,之后表达下调,在 24 h 后表达又开始上调;*GhBC1* 基因在低温胁迫12 h 时,表达量瞬时上升,约为对照组表达量的 2.3 倍[图 7-6(b)]。

激素(ABA 和 MeJA)处理下,*GhCTα2* 基因在 8 h 后表达上调,而低温胁迫12 h 后,*GhCTα2* 基因开始上调表达[图 7-6(c)],这一结果表明在这些逆境胁迫下*GhCTα2* 基因起着正调控作用。*GhCTβ* 基因在 ABA 处理下呈现出"升—降—升"的表达趋势,即处理 2 h 后表达水平升高,随后下降,而 12 h 后表达水平又升高,这一现象产生的原因可能是 *GhCTβ* 基因的转录受反馈抑制调节作用;*GhCTβ* 基因在 MeJA 处理下,表达量在不同时期呈现不同程度的下调表达,表明 *GhCTβ* 基因可能起负向调控作用;低温胁迫 8 h 后,*GhCTβ* 基因表达量呈现不同程度上调[图 7-6(d)]。综合上述四个亚基基因在不同胁迫中的表达趋势发现,异质型 GhACCase 亚基基因的四个亚基基因在 ABA 处理 12 h 后,均表达上调,推测这些基因可能协同响应 ABA 处理。

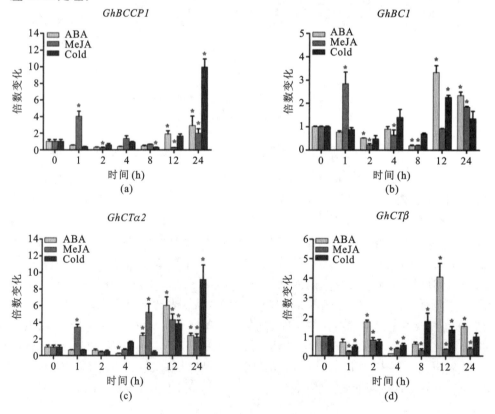

图 7-6 *GhBCCP1*、*GhBC1*、*GhCTα2* 和 *GhCTβ* 基因在不同环境胁迫中的表达模式

注:*GhUBQ7* 基因用于均一化表达水平;* 代表在 $P < 0.05$ 水平上达到显著性水平。

8 过表达异质型 GhACCase 四亚基基因植株鉴定和功能研究

8.1 过表达异质型 GhACCase 四亚基基因植株鉴定

本章节的研究是在本实验室前期工作基础上进行的[126]。刘正杰以 NCBI(美国国家生物技术信息中心)上公布的棉花异质型 GhACCase 四亚基基因序列为基础,设计引物,获得这四个亚基基因的完整片段,并分别构建过表达载体、遗传转化,获得异质型 GhACCase 四个亚基单基因转化株,对转化株进行田间鉴定和室内分子鉴定,获得阳性植株后,又通过 Southern 杂交(图 8-1),获得这四个亚基单基因过表达的单拷贝植株[126]。

8.1.1 转基因棉花植株鉴定

收获花粉管通道法分别转化的 *GhBCl*、*GhBCCP*、*GhCTα2* 和 *GhCTβ* 基因的 T_0 代种子,播种并将田间长至 4～6 片真叶的四个单基因转基因候选幼苗进行卡那霉素溶液(浓度为 1 g/L)涂抹。3～7 d 后进行检查,将叶片上出现黄色斑点的单株(假阳性)拔出,剩余的幼苗叶片无黄色斑点出现,说明是真正的阳性植株[图 8-2(a)]。随后进行定苗,正常情况下,每穴内留 1 株生长健壮的幼苗,若邻近穴没有幼苗,则留 2 株生长健壮的幼苗。

在田间定苗后,每行 5 个单株进行挂牌取样。在室内通过传统的 CTAB 法①进行总 DNA 的提取,并进行凝胶电泳,检测总 DNA 质量。随后用 Kan 引物

---

① CTAB 是一种阳离子去污剂,具有从低离子强度溶液中沉淀核酸与酸性多聚糖的特性。在高离子强度(>0.7 mol/L NaCl)的溶液中,CTAB 与蛋白质和多聚糖形成复合物,但不会沉淀核酸。再通过有机溶剂抽提,去除蛋白、多糖、酚类等杂质后,加入乙醇沉淀,即可使核酸分离出来。

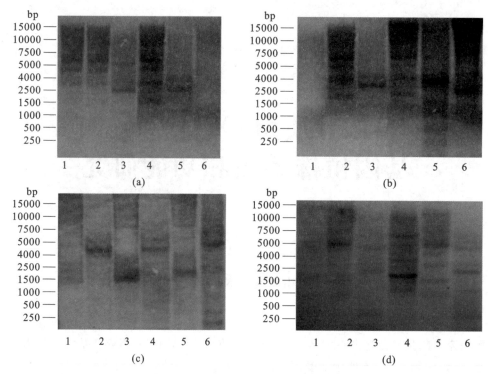

图 8-1　棉花 GhACCase Ⅱ亚基编码基因 T₁ 转基因棉花拷贝数 Southern 杂交检测[126]

（a）GhBCCP1 基因转基因棉花拷贝数 Southern 杂交检测（1～5—转基因拷贝数检测；6—阴性对照）；

（b）GhBC1 基因转基因棉花拷贝数 Southern 杂交检测（1—阴性对照；2～6—转基因拷贝数检测）；

（c）GhCTα2 基因转基因棉花拷贝数 Southern 杂交检测（1—阴性对照；2～6—转基因拷贝数检测）；

（d）GhCTβ 基因转基因棉花拷贝数 Southern 杂交检测（1—阴性对照；2～6—转基因拷贝数检测）

（NPTⅡ基因的引物）进行 PCR，检测阳性植株，均有约 500 bp 大小的条带（图 8-3）；进一步用特异性引物对相应的转基因植株进行鉴定，发现 GhBC1、GhB-CCP1、GhCTα2 和 GhCTβ 的转基因植株均可分别扩出 731 bp、1294 bp、654 bp 和 380 bp 大小的特异性条带，而受体材料并无对应条带[图 8-2（b）]。

8.1.2　转基因阳性植株拷贝数鉴定

本实验室前期通过茎尖转化获得拟定的阳性植株，为进一步鉴定拷贝数，提取阳性植株总 DNA，纯化后，用 Hind Ⅲ 进行酶切消化总 DNA。同时对进行拷贝数鉴定的探针进行标记（如 GhCTβ 茎尖转化材料，用 GhCTβ 的基因片段进行拷贝数鉴定）。通过罗氏 Southern 杂交试剂盒进行拷贝数鉴定。从图 8-4 可以看出，GhCTβ 茎尖转化植株的拷贝数为 1。GhBC1 和 GhBCCP1 茎尖转基因材料 Southern 杂交鉴定结果见图 8-5 和图 8-6。

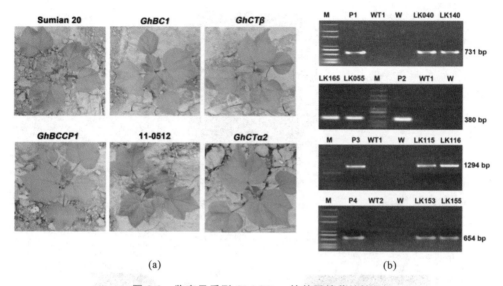

(a)   (b)

图 8-2 鉴定异质型 GhACCase 转基因棉花植株

（a）卡那霉素鉴定转基因植株；（b）PCR 鉴定转基因植株

M—D2000 plus DNA marker；P1～P4—质粒 p2301MαGhBC1，p2301M αCACtp-GhCTβ、

p2301M αGhBCCP1 和 p2301MαGhCTα2，为阳性对照；

W—水，为阴性对照；WT1，WT2—"Sumian 20"和"11-0512"野生植株，为阴性对照；

LK040，LK140—*GhBC1* 转基因植株；LK165，LK055—*GhCTβ* 转基因植株；

LK115，LK116—*GhBCCP1* 转基因植株；LK153，LK155—*GhCTα2* 转基因植株

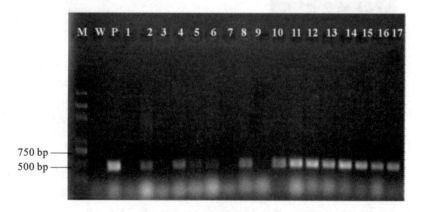

图 8-3 转基因 T₁ 代植株叶片 PCR 鉴定

1～5—*GhBCCP1* 基因 T₁ 代植株；6～10—*GhBC1* 基因 T₁ 代植株；11～13—*GhCTα2* 基因 T₁ 代植株；

14～17—*GhCTβ* 基因 T₁ 代植株；M—D2000 plus marker；W—水

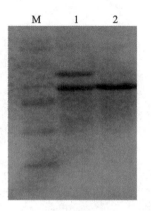

图 8-4 *GhCTβ* 转基因

材料拷贝数鉴定

1—15R4491；2—Xu244

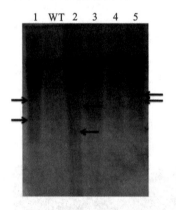

图 8-5 过表达 *GhBC1* 基因
棉花植株的 Southern blot 分析

WT—野生型植株；

1～5—转基因候选植株

图 8-6 过表达 *GhBCCP1* 基因
棉花植株的 Southern blot 分析

WT—野生型植株；

1～2—转基因候选植株

8.1.3 转基因棉花材料油分分析

随机选择 10 株受体材料及每个株系中 10 株 T_3 代植株的自结种子进行油分测定（表 8-1），结果表明 *GhBC1* 转基因的 2 个株系（LK040 和 LK140）较受体材料 Xu244 油分分别增加 17.77%（$P<0.05$）和 16.58%（$P<0.05$）；*GhCTβ* 转基因株系 LK165 和 *GhBCCP1* 转基因株系 LK116 的油分与受体材料 Xu244 相比，分别增加 16.89% 和 21.92%，均达显著性水平。而以 11-0512 为受体材料的 *GhCTα2* 转基因材料的 2 个株系油分含量均增加不显著。这些结果表明，棉花种子内分别过表达 *GhBCCP1*、*GhBC1* 和 *GhCTβ* 基因可以潜在提高棉籽油分。

表 8-1　过表达 *GhBC1*、*GhBCCP1*、*GhCTα2* 和 *GhCTβ* 对棉籽油分的效应

棉花材料	基因	总油分含量(%)	增加百分比(%)
Xu244	对照组	26.23 ± 0.44	—
LK040	*GhBC1*	30.89 ± 2.49*	17.77
LK140	*GhBC1*	30.58 ± 1.65*	16.58
LK055	*GhCTβ*	29.00 ± 2.24	10.56
LK165	*GhCTβ*	30.66 ± 3.66*	16.89
LK115	*GhBCCP1*	28.64 ± 2.63	9.19
LK116	*GhBCCP1*	31.98 ± 3.72**	21.92
11-0512	对照组	28.11 ± 0.51	—
LK153	*GhCTα2*	29.39 ± 2.86	4.55
LK155	*GhCTα2*	30.86 ± 0.20	9.78

注：* 和 * * 分别代表在 $P<0.05$ 和 $P<0.01$ 水平上达到显著性水平和极显著水平。

8.2　*GhBCCP1*、*GhBC1*、*GhCTα2* 和 *GhCTβ* 基因功能验证及农艺性状调查

8.2.1　转基因棉花材料三个世代株系的基本信息

以上代油分高低为依据，对四个亚基基因的转基因后代进行选择并播种，同时对油分较高的株系进行后续研究，使用近红外光谱法测定种子油分含量，具体信息见表 8-2～表 8-4。如表 8-2 所示，以 Xu244 为受体材料，转 *GhBCCP1* 的 T_5 代种子油分含量平均提高 1.01%，最高提高了 1.54%；转 *GhBC1* 的 T_5 代种子油分含量平均提高 1.67%，最高提高了 3.15%；转 *GhCTβ* 的 T_5 代种子油分含量平均提高 4.27%，最高提高了 6.64%；以 11-0512 为受体材料，转 *GhCTα2* 的 T_5 代种子油分含量平均降低 0.51%。综合分析发现，除转 *GhCTα2* 基因的 T_5 代材料油分无显著提高，甚至有所下降外，其他三个亚基的转基因材料油分含量均有所提高，其中转 *GhCTβ* 的 T_5 代材料油分含量提高最多。

表 8-2　T₅ 转基因棉花株系的基本信息

2016 年编号	2014 年编号	基因	世代	受体材料	油分含量（%）
Xu244	Xu244	对照组	—	—	26.64±0.41
16T8272	14PC237-2	*GhBCCP1*	T₅	Xu244	28.18±0.24 **
16T8273	14PC243-2	*GhBCCP1*	T₅	Xu244	27.12±0.03
16T8276	14PC248-3	*GhBCl*	T₅	Xu244	26.82±0.05
16T8283	14PC259	*GhBCl*	T₅	Xu244	29.79±0.14 **
16T8284	14PC260	*GhCTβ*	T₅	Xu244	33.28±0.25 **
16T8285	14PC263	*GhCTβ*	T₅	Xu244	28.53±0.21 **
11-0512	11-0512	对照组	—	—	28.11±0.22
16T8286	14PC271	*GhCTα2*	T₅	11-0512	27.19±0.07 **
16T8288	14PC274	*GhCTα2*	T₅	11-0512	28.02±0.21

注：＊＊代表在 $P<0.01$ 水平上达到极显著水平。

如表 8-3 所示，以 Xu244 为受体材料，转 *GhBCCP1* 和 *GhCTβ* 的 T₆ 代种子油分含量均显著提高，分别平均提高 1.52% 和 2.75%；转 *GhBCl* 的 T₆ 代材料中 16T8247 株系油分含量显著下降，而 16T8252 株系油分含量显著提高，说明 *GhBCl* 基因对油分调控具有一定的潜能；以 11-0512 为受体材料，转 *GhCTα2* 的 T₆ 代材料中 16T8265 株系油分含量显著提高 0.87%。

表 8-3　T₆ 转基因棉花株系材料的基本信息

2016 年编号	2014 年编号	基因	世代	受体材料	油分含量（%）
Xu244	Xu244	对照组	—	—	26.64±0.41
16T8247	14PC091-2	*GhBCl*	T₆	Xu244	25.28±0.28 **
16T8252	14PC101-1	*GhBCl*	T₆	Xu244	30.71±0.1 **
16T8258	14PC128-1	*GhBCCP1*	T₆	Xu244	28.32±0.14 **
16T8259	14PC137-1	*GhBCCP1*	T₆	Xu244	27.99±0.13 **
16T8260	14PC143-3	*GhCTβ*	T₆	Xu244	30.34±0.39 **

2016 年编号	2014 年编号	基因	世代	受体材料	油分含量（%）
16T8262	14PC145-1	$GhCT\beta$	T_6	Xu244	28.44±0.1**
11-0512	11-0512	对照组	—	—	28.11±0.22
16T8265	14PC161-1	$GhCT\alpha2$	T_6	11-0512	28.98±0.11*
6T8266	14PC163	$GhCT\alpha2$	T_6	11-0512	26.35±0.28**

注：* 和 * * 分别代表在 $P<0.05$ 和 $P<0.01$ 水平上达到显著性水平和极显著水平。

如表 8-4 所示，以 Xu244 为受体材料，分别转 $GhBC1$、$GhBCCP1$ 和 $GhCT\beta$ 基因的 T_9 代种子油分含量均显著提高，以 11-0512 为受体材料，转 $GhCT\alpha2$ 的 T_9 代种子油分含量与对照并无显著差别。综合分析四个亚基的 T_5、T_6 和 T_9 代转基因材料油分含量，结果表明转 $GhCT\beta$ 基因能显著提高棉仁油分含量，分别转 $GhBC-CP1$ 和 $GhBC1$ 基因具有提高棉仁油分含量的潜能。

表 8-4 T_9 转基因重点株系材料基本信息

2016 年编号	2014 年编号	基因	世代	受体材料	油分含量（%）
Xu244	Xu244	对照组	—	—	26.64±0.41
16T8171	15S2501-2	$GhCT\beta$	T_9	Xu244	28.29±0.40**
16T8172	15S2502-1	$GhBC1$	T_9	Xu244	29.27±0.06**
16T8173	15S2503-2	$GhBCCP1$	T_9	Xu244	27.83±0.21*
11-0512	11-0512	对照组	—	—	28.11±0.22
16T8174	15S2504-3	$GhCT\alpha2$	T_9	11-0512	28.84±0.62

注：1. 转基因种子油分含量数据为近红外法测定的油分结果；
   2. * 和 * * 分别代表在 $P<0.05$ 和 $P<0.01$ 水平上达到显著性水平和极显著水平。

8.2.2 转基因棉花株系的农艺性状调查

对上述转基因材料株系进行农艺性状调查，与受体材料 Xu244 相比，$GhCT\beta$ 转基因 T_5 代材料中 16T8284 株系的株高显著降低，16T8284 和 16T8285 株系的果枝数显著减少；与受体材料 11-0512 相比，$GhCT\alpha2$ 转基因 T_5 材料中 16T8288 株系的果枝数显著增多；四个亚基基因的转基因 T_5 材料的成铃数并无显著变化（表 8-5）。T_6 代异质型 GhACCase 四亚基基因的转基因材料株高与受体材料相比，显著降低；$GhBCCP1$ 转基因 T_6 代材料中 16T8258 株系和 $GhBC1$ 转基因 T_6

代材料中 16T8252 株系的果枝数显著减少,然而四个亚基基因的转基因 T_6 代材料的成铃数并无显著变化(表 8-6)。与对照组相比,*GhBC1* 转基因 T_9 代材料的16T8172 株系中株高和成铃数均显著增高,而果枝数与对照组相比无显著差别;*GhCTα2* 转基因 T_9 代材料的 16T8174 株系中果枝数和成铃数增多(表 8-7)。

表 8-5　异质型 GhACCase 四亚基基因 T_5 代转基因植株的农艺性状

棉花材料	基因	世代	受体	株高(cm)	果枝数	成铃数
Xu244	对照组	—	—	106.60±6.49	14.80±0.97	15.00±2.59
16T8272	*GhBCCP1*	T_5	Xu244	97.60±4.21	13.80±0.86	13.80±2.13
16T8273	*GhBCCP1*	T_5	Xu244	90.60±2.69*	13.00±0.45	19.80±4.12
16T8276	*GhBC1*	T_5	Xu244	106.00±4.85	15.40±0.4	15.60±2.68
16T8283	*GhBC1*	T_5	Xu244	110.80±3.56	13.20±0.58	12.80±1.74
16T8284	*GhCTβ*	T_5	Xu244	88.80±3.60**	12.60±0.68*	11.60±1.50
16T8285	*GhCTβ*	T_5	Xu244	109.00±3.21	12.60±0.75*	21.20±1.71
11-0512	对照组	—	—	110.20±5.72	12.60±0.4	13.80±2.58
16T8286	*GhCTα2*	T_5	11-0512	111.00±5.19	13.40±1.21	11.40±2.71
16T8288	*GhCTα2*	T_5	11-0512	119.20±4.14	14.80±0.37*	13.20±0.73

注:* 和 ** 分别表示在 $P<0.05$ 和 $P<0.01$ 水平上达到显著性水平和极显著性水平。

表 8-6　异质型 GhACCase 四亚基基因 T_6 代转基因植株的农艺性状

棉花材料	基因	世代	受体	株高(cm)	果枝数	成铃数
Xu244	对照组	—	—	106.60±6.49	14.80±0.97	15.00±2.59
16T8247	*GhBC1*	T_6	Xu244	85.00±2.51**	13.40±0.68	11.00±0.89
16T8252	*GhBC1*	T_6	Xu244	83.80±2.75**	12.40±0.24*	16.00±1.84
16T8258	*GhBCCP1*	T_6	Xu244	92.80±3.31*	12.60±0.75*	10.20±0.86
16T8259	*GhBCCP1*	T_6	Xu244	115.60±3.49	14.40±0.68	14.40±1.83
16T8260	*GhCTβ*	T_6	Xu244	104.80±4.03	13.60±0.93	13.60±2.16
16T8262	*GhCTβ*	T_6	Xu244	93.80±4.96*	14.00±0.45	16.60±2.77
11-0512	对照组	—	—	110.20±5.72	12.60±0.4	13.80±2.58
16T8265	*GhCTα2*	T_6	11-0512	95.80±3.44*	13.80±0.58	20.00±3.22
16T8266	*GhCTα2*	T_6	11-0512	91.00±4.63**	14.00±0.63	16.80±2.82

注:* 和 ** 分别表示在 $P<0.05$ 和 $P<0.01$ 水平上达到显著性水平和极显著性水平。

表 8-7　异质型 GhACCase 四亚基基因 T₉ 代转基因植株的农艺性状

棉花材料	基因	世代	受体	株高(cm)	果枝数	成铃数
Xu244	对照组	—	—	106.60±6.49	14.80±0.97	15.00±2.59
16T8171	*GhCTβ*	T₉	Xu244	97.20±1.66	15.20±0.37	17.20±1.53
16T8172	*GhBC1*	T₉	Xu244	123.80±5.91*	14.60±2.04	23.80±3.61*
16T8173	*GhBCCP1*	T₉	Xu244	110.00±2.86	13.80±1.16	21.60±3.14
11-0512	对照组	—	—	110.20±5.72	12.60±0.40	13.80±2.58
16T8174	*GhCTα2*	T₉	11-0512	118.00±1.34	15.80±0.37*	26.80±1.66**

注：* 和 * * 分别表示在 $P<0.05$ 和 $P<0.01$ 水平上达到显著性水平和极显著性水平。

8.3　棉仁发育过程中含水量、形态、干重及油分含量变化分析

8.3.1　棉仁发育过程中含水量变化分析

对上述 4 个亚基基因的转基因 T₅ 代材料的 8 个株系进行棉仁含水量变化分析。从表 8-8 可以看出,以 Xu244 为受体材料的 6 个转基因材料株系中,*GhBCCP1* 转基因株系 16T8272 和 16T8273 在棉仁发育不同时期含水量均比受体材料低,说明过表达 *GhBCCP1* 可显著降低不同发育时期的棉仁含水量;*GhBC1* 的转基因株系 16T8276 和 16T8283 的棉仁含水量分别在棉仁发育的 35 DPA 和 30 DPA 出现一个短暂上升趋势,棉仁发育其他时期的含水量均下降;*GhCTβ* 转基因株系 16T8284 和 16T8285 棉仁发育过程中含水量呈不同的趋势,16T8284 株系在棉仁发育后期(35～45 DPA)含水量显著升高,16T8285 株系棉仁不同发育时期含水量显著下降。值得一提的是,田间调查发现,*GhCTβ* 转基因株系 16T8284 棉仁成熟度比对照组低,这可能是因为 16T8284 株系棉仁含水量较多。以 11-0512 为受体材料的 *GhCTα2* 转基因材料中,16T8286 株系棉仁整个发育时期的含水量显著下降,而 16T8288 株系的含水量波动较大,说明 *GhCTα2* 亚基基因的过表达在一定程度上可减少棉仁含水量,促进棉仁的成熟。

表 8-8　T_5 转基因棉花棉仁发育不同时期的含水量变化（单位：%）

棉花材料	基因	20 DPA	25 DPA	30 DPA	35 DPA	40 DPA	45 DPA
Xu244	对照组	86.15± 0.03	84.01± 0.00	73.76± 0.61	62.55± 0.00	55.9± 0.00	50.07± 0.26
16T8272	$GhBCCP1$	84.61± 0.39**	82.2± 0.02*	70.17± 0.04**	62.54± 0.40	54.62± 0.28*	48.41± 0.07**
16T8273	$GhBCCP1$	83.98± 0.48**	78.89± 0.39**	71.38± 0.14**	58.06± 0.14**	53.43± 0.03**	49.11± 0.18**
16T8276	$GhBC1$	83.04± 0.01**	81.53± 0.41**	71.33± 0.09**	63.82± 0.00**	50.46± 0.24**	49.35± 0.01**
16T8283	$GhBC1$	84.35± 0.22**	82.21± 0.08*	76.38± 0.14**	62.55± 0.18	53.85± 0.45**	48.34± 0.00**
16T8284	$GhCT\beta$	84.36± 0.04**	82.19± 0.06*	73.18± 0.26	63.46± 0.25*	59.04± 0.70**	51.24± 0.04**
16T8285	$GhCT\beta$	83.61± 0.09**	82.5± 1.24	68.55± 0.32**	58.76± 0.47**	53.48± 0.06**	49.18± 0.06**
11-0512	对照组	82.88± 0.18	78.58± 0.55	78.45± 0.42	66.05± 0.16	55.11± 0.01	50.13± 0.01
16T8286	$GhCT\alpha2$	81.96± 0.06**	76.74± 0.47**	77.84± 0.29**	63.99± 0.02**	51.23± 0.11**	49.51± 0.19**
16T8288	$GhCT\alpha2$	84.39± 0.04**	81.81± 0.10**	75.17± 0.16**	64.54± 0.33**	57.63± 0.30**	50.32± 0.01

注：* 和 * * 分别表示在 $P<0.05$ 和 $P<0.01$ 水平上达到显著性水平和极显著性水平。

从表 8-9 可以看出，以 Xu244 为受体材料的 6 个转基因材料株系中，$GhBCCP1$ 转基因株系（16T8258 和 16T8259）在棉仁发育的不同时期含水量均比受体材料低，这与 T_5 代 $GhBCCP1$ 转基因株系（16T8272 和 16T8273）的棉仁含水量趋势一致。$GhBC1$ 转基因株系（16T8247 和 16T8252）棉仁发育过程中含水量整体呈下降趋势；而 $GhCT\beta$ 转基因株系（16T8262）棉仁在 30～45 DPA 阶段含水量显著升高，与 T_5 代 $GhCT\beta$ 转基因 16T8284 株系的棉仁含水量趋势一致。以 11-0512 为受体材料的 $GhCT\alpha2$ 转基因株系（16T8265 和 16T8266）在棉仁不同发育时期含水量变化趋势与 T_5 代 $GhCT\alpha2$ 转基因 16T8286 株系的基本一致，含水量均显著下降。

表 8-9　T_6 转基因棉花棉仁发育不同时期的含水量变化(单位:%)

棉花材料	基因	20 DPA	25 DPA	30 DPA	35 DPA	40 DPA	45 DPA
Xu244	对照组	86.15±0.03	84.01±0.00	73.76±0.61	62.55±0.00	55.9±0.00	50.07±0.26
16T8247	*GhBC1*	82.75±0.17**	80.25±0.49**	70.73±0.52**	60.78±0.12**	55.2±0.14	51.34±0.35**
16T8252	*GhBC1*	82.43±0.09**	80.31±0.38**	70.17±0.15**	57.99±0.05**	51.49±0.45**	48.02±0.00**
16T8258	*GhBCCP1*	82.42±0.6**	79.21±0.35**	69.17±0.17**	60.69±0.24**	53.45±0.16**	48.19±0.15**
16T8259	*GhBCCP1*	86.52±0.32	83.71±0.03*	73.22±0.77*	61.53±0.30**	51.75±0.58**	45.7±0.23**
16T8260	*GhCTβ*	86.98±0.04*	84.34±0.43**	72.22±0.13**	63.94±0.10**	53.71±0.22**	48.88±0.07**
16T8262	*GhCTβ*	83.72±0.22**	81.26±0.08**	78.15±0.08**	67.52±0.47**	59.94±0.00**	53.34±0.11**
11-0512	对照组	82.88±0.18	78.58±0.55**	78.45±0.42**	66.05±0.16**	55.11±0.01	50.13±0.01
16T8265	*GhCTα2*	79.61±0.24**	73.55±0.23*	66.02±0.00**	60.16±0.07**	51.56±0.27**	45.34±0.05**
16T8266	*GhCTα2*	82.43±0.02	77.48±0.12	70.16±0.16	62.47±0.07	52.49±0.45**	47.92±0.00**

注: * 和 * * 分别表示在 $P < 0.05$ 和 $P < 0.01$ 水平上达到显著性水平和极显著性水平。

从表 8-10 可以看出,*GhCTβ* 转基因 T_9 代材料中,16T8171 株系的棉仁发育中后期(30~45 DPA)含水量均显著提高;*GhBCCP1* 转基因 T_9 代材料棉仁的整个发育过程中含水量变化趋势与其 T_5 和 T_6 代一致;而 *GhBC1* 转基因 T_9 代材料的棉仁含水量变化比较特别,在 20~30 DPA 阶段与其 T_5 和 T_6 代材料含水量变化趋势一致,均显著下降,而 35~40 DPA 阶段含水量与 T_5 和 T_6 代变化趋势完全相反,含水量显著提高;*GhCTα2* 转基因 T_9 代材料中 16T8174 株系的棉仁含水量变化复杂。

表 8-10　T₉ 转基因棉花棉仁发育不同时期的含水量变化(单位:%)

棉花材料	基因	20 DPA	25 DPA	30 DPA	35 DPA	40 DPA	45 DPA
Xu244	对照组	86.15± 0.03	84.01± 0.00	73.76± 0.61	62.55± 0.00	55.9± 0.00	50.07± 0.26
16T8171	*GhCTβ*	84.15± 0.04 **	82.9± 0.24 *	78.96± 0.27 **	68.18± 0.18 **	61.34± 0.28 **	55.81± 0.57 **
16T8172	*GhBCl*	82.91± 0.30 **	80.82± 0.16 **	71.36± 0.33 **	66.15± 0.22 **	57.53± 0.12 **	49.72± 0.25
16T8173	*GhBCCP1*	82.07± 0.13 **	81.93± 0.22 **	73.57± 0.16	61.17± 0.02 **	53.72± 0.19 **	49.38± 0.13
11-0512	对照组	82.88± 0.18	78.58± 0.55	78.45± 0.42	66.05± 0.16	55.11± 0.01	50.13± 0.01
16T8174	*GhCTa2*	81.83± 0.01 **	81.15± 0.38	75.14± 0.02 **	66.11± 0.05	53.39± 0.13 **	49.76± 0.68

注:* 和 * * 分别表示在 $P<0.05$ 和 $P<0.01$ 水平上达到显著性水平和极显著性水平。

8.3.2　棉仁发育过程中形态变化分析

本书用去种皮、烘干后的棉仁形态来反映棉仁成熟度,本小节仅显示四个亚基基因的 T₉ 代转基因材料棉仁烘干后形态大小。从图 8-7 中可以看出,烘干后,16T8171、16T8172 和 16T8173 转基因材料在 45 DPA 时,棉仁形态大小与受体材料 Xu244 相比有所增大;16T8174 转基因材料棉仁形态大小与受体材料 11-0512 相比无明显区别。

8.3.3　棉仁发育过程中百粒重变化分析

为了进一步分析转基因材料棉仁不同发育时期的百粒重变化,对每份材料的 100 粒棉仁进行称重,每个材料每个时期重复 3 次,之后进行方差分析。从表 8-11~表 8-13 中可以看出,四个亚基转基因 T₅(除 16T8286 外)和 T₆ 代材料 45 DPA 时的棉仁百粒重与受体材料相比,均显著降低。分析四个亚基转基因 T₉ 代材料发现,其 45 DPA 时棉仁百粒重与 T₅ 和 T₆ 代的结果一致,均显著下降。

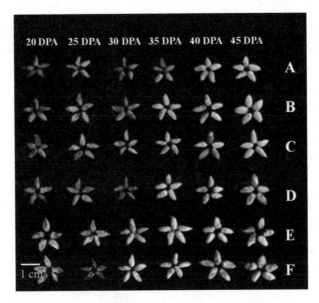

图 8-7　棉仁不同发育时期的形态变化

注：A～F 分别代表棉花材料 Xu244、16T8171、16T8172、16T8173、11-0512 和 16T8174。

表 8-11　T_5 转基因棉花在棉仁发育过程中的百粒重变化（单位：g）

棉花材料	基因	20 DPA	25 DPA	30 DPA	35 DPA	40 DPA	45 DPA
Xu244	对照组	1.45± 0.02	1.86± 0.03	2.85± 0.03	3.99± 0.04	4.67± 0.06	6.61± 0.01
16T8272	*GhBCCP1*	1.58± 0.03**	1.69± 0.04**	2.83± 0.01	4.22± 0.02**	4.69± 0.06	5.63± 0.06**
16T8273	*GhBCCP1*	1.52± 0.03*	1.70± 0.04**	2.84± 0.01	4.23± 0.02**	4.70± 0.06	5.64± 0.06**
16T8276	*GhBC1*	1.64± 0.02**	1.81± 0.01	2.77± 0.02*	3.67± 0.05**	4.50± 0.01	5.27± 0.03**
16T8283	*GhBC1*	1.84± 0.02**	2.02± 0.01**	3.00± 0.02**	4.43± 0.04**	5.10± 0.03**	5.58± 0.01**
16T8284	*GhCTβ*	1.38± 0.02	1.93± 0.01	2.63± 0.01**	3.76± 0.04**	4.69± 0.10	4.69± 0.02**
16T8285	*GhCTβ*	1.54± 0.01*	1.80± 0.03	2.31± 0.02**	3.49± 0.01**	4.86± 0.11*	5.32± 0.05**

续表

棉花材料	基因	20 DPA	25 DPA	30 DPA	35 DPA	40 DPA	45 DPA
11-0512	对照组	1.39± 0.03	2.05± 0.06	2.85± 0.04	3.91± 0.02	4.98± 0.02	5.98± 0.02
16T8286	$GhCT\alpha2$	1.59± 0.04**	1.85± 0.02	2.32± 0.01**	3.84± 0.02**	4.67± 0.02	6.22± 0.04**
16T8288	$GhCT\alpha2$	1.50± 0.01**	1.84± 0.05**	2.20± 0.02**	3.83± 0.01	4.85± 0.08	5.51± 0.02**

注：* 和 * * 分别表示在 $P<0.05$ 和 $P<0.01$ 水平上达到显著性水平和极显著性水平。

表 8-12　T_6 转基因棉花在棉仁发育过程中的百粒重变化(单位:g)

棉花材料	基因	20 DPA	25 DPA	30 DPA	35 DPA	40 DPA	45 DPA
Xu244	对照组	1.45± 0.02	1.86± 0.03	2.85± 0.03	3.99± 0.04	4.67± 0.06	6.61± 0.01
16T8247	$GhBC1$	1.80± 0.01**	1.91± 0.02	3.42± 0.02**	3.88± 0.08	4.47± 0.03*	5.20± 0.11**
16T8252	$GhBC1$	1.50± 0.01	1.78± 0.04	3.20± 0.04**	4.29± 0.03**	5.15± 0.07**	5.93± 0.02**
16T8258	$GhBCCP1$	1.60± 0.02**	1.74± 0.05*	3.68± 0.06**	4.18± 0.03*	4.48± 0.02*	6.08± 0.01**
16T8259	$GhBCCP1$	1.66± 0.01**	1.71± 0.02**	2.78± 0.05	4.09± 0.02	4.25± 0.05**	5.79± 0.10**
16T8260	$GhCT\beta$	1.73± 0.01**	1.99± 0.01*	2.99± 0.01*	4.85± 0.08**	5.13± 0.11**	6.42± 0.10*
16T8262	$GhCT\beta$	1.54± 0.10*	1.69± 0.01**	2.21± 0.04**	3.63± 0.02**	4.33± 0.02**	5.08± 0.04**
11-0512	对照组	1.39± 0.03	2.05± 0.06	2.85± 0.04	3.91± 0.02	4.98± 0.02	5.98± 0.02
16T8265	$GhCT\alpha2$	1.46± 0.03	1.55± 0.01**	3.03± 0.03**	4.22± 0.05**	4.12± 0.03**	5.73± 0.03**
16T8266	$GhCT\alpha2$	1.84± 0.05**	2.04± 0.00	2.98± 0.03*	4.15± 0.03**	4.95± 0.08	5.41± 0.02**

注：* 和 * * 分别表示在 $P<0.05$ 和 $P<0.01$ 水平上达到显著性水平和极显著性水平。

表 8-13 T$_9$ 转基因棉花在棉仁发育过程中的百粒重变化(单位:g)

棉花材料	基因	20 DPA	25 DPA	30 DPA	35 DPA	40 DPA	45 DPA
Xu244	对照组	1.45±0.02	1.86±0.03	2.85±0.03	3.99±0.04	4.67±0.06	6.61±0.01
16T8171	GhCTβ	1.43±0.01	1.77±0.02	2.97±0.07	3.95±0.04	4.65±0.02	5.52±0.03**
16T8172	GhBCl	1.45±0.01	1.77±0.03	2.19±0.01**	3.65±0.11**	3.59±0.04**	4.54±0.02**
16T8173	GhBCCP1	1.57±0.01**	1.75±0.03*	2.07±0.01**	3.77±0.11*	3.80±0.03**	4.76±0.08**
11-0512	对照组	1.39±0.03	2.05±0.06	2.85±0.04	3.91±0.02	4.98±0.02	5.98±0.02
16T8174	GhCTα2	1.47±0.01*	1.88±0.02*	2.86±0.04	3.53±0.02**	5.10±0.03	5.49±0.03**

注:* 和 * * 分别表示在 $P<0.05$ 和 $P<0.01$ 水平上达到显著性水平和极显著性水平。

8.3.4 棉仁发育过程中油分含量变化分析

8.3.4.1 转基因棉花材料不同发育时期棉仁油分含量变化分析

通过索氏提取法测定转基因材料与其受体材料棉仁不同发育时期油分含量的变化,从表 8-14 可以看出,T$_5$ 代转基因材料中,GhBCl 转基因材料(16T8276 和 16T8283)和 GhCTβ 转基因材料(16T8284 和 16T8285)在 20 DPA、35 DPA 到成熟期的油分含量显著提高;GhBCCP1 转基因材料(16T8272 和 16T8273)在 20 DPA、40 DPA 到成熟期的油分含量显著提高;GhCTα2 转基因材料(16T8286)棉仁发育的 35~40 DPA 的油分含量显著提高,而另一个 GhCTα2 转基因材料(16T8288)在未成熟棉仁的整个时期油分含量均显著降低。同时从表 8-15 可以看出,T$_6$ 代 GhBCCP1、GhBCl 和 GhCTβ 转基因材料棉仁油分含量变化与 T$_5$ 代的基本一致,GhCTα2 转基因材料(16T8265)在棉仁发育的 35~40 DPA 油分含量变化趋势与 T$_5$ 代的趋势一致。从表 8-16 可以看出,四个亚基基因的 T$_9$ 代转基因材料在不同发育时期棉仁油分含量较受体材料呈现出不同的变化模式。其中,20 DPA时,四个转基因材料油分含量均显著提高,达到显著或极显著水平;成熟期时,GhCTβ、GhBCl 和 GhBCCP1 亚基基因的转基因材料棉仁油分含量均显著提高;而 *GhCTα2* 亚基基因的转基因材料棉仁在成熟期的油分与受体材料无明显区别。综合分析 T_5、T_6 和 T_9 代四个亚基转基因材料棉仁对油分的影响,发现 *GhCTβ* 基因具有提高棉仁成熟期油分含量的能力,同时 *GhBCCP1* 和 *GhBC1* 也能在一定程度上提高成熟棉仁的油分含量。

表 8-14　T_5 转基因棉花材料棉仁不同发育时期的油分含量变化(单位:%)

棉花材料	基因	20 DPA	25 DPA	30 DPA	35 DPA	40 DPA	成熟期
Xu244	对照组	2.72± 0.04	15.41± 0.35	27.02± 0.14	27.70± 0.18	26.41± 0.01	26.64± 0.41
16T8272	*GhBCCP1*	5.83± 0.14**	17.13± 0.40*	25.34± 0.29**	27.16± 0.34	29.39± 0.08**	28.18± 0.24**
16T8273	*GhBCCP1*	4.64± 0.15**	15.88± 0.33	25.79± 0.06*	26.74± 0.090*	29.07± 0.19**	27.12± 0.03
16T8276	*GhBC1*	4.81± 0.16**	16.12± 0.24	26.19± 0.39	29.19± 0.44**	27.61± 0.31**	26.82± 0.05
16T8283	*GhBC1*	5.46± 0.38**	20.06± 0.50**	27.48± 0.44	31.30± 0.31**	28.81± 0.25**	29.79± 0.14**
16T8284	*GhCTβ*	5.37± 0.10**	11.34± 0.22**	24.03± 0.42**	30.03± 0.08**	28.38± 0.02**	33.28± 0.25**
16T8285	*GhCTβ*	5.20± 0.21**	16.68± 0.41*	24.93± 0.31**	29.08± 0.09**	28.50± 0.22**	28.53± 0.21**
11-0512	对照组	4.58± 0.15	18.08± 0.73	26.54± 0.18	28.33± 0.17	28.25± 0.19	28.11± 0.22
16T8286	*GhCTα2*	5.05± 0.06	16.56± 0.27*	24.19± 0.23**	34.99± 0.16**	31.73± 0.22**	27.19± 0.07**
16T8288	*GhCTα2*	3.49± 0.28**	18.39± 0.12	23.47± 0.26**	26.12± 0.27**	25.84± 0.53**	28.02± 0.21

注:* 和 ** 分别表示在 $P<0.05$ 和 $P<0.01$ 水平上达到显著性水平和极显著性水平。

表 8-15　T₆转基因棉花材料棉仁不同发育时期的油分含量变化(单位:%)

棉花材料	基因	20 DPA	25 DPA	30 DPA	35 DPA	40 DPA	成熟期
Xu244	对照组	2.72± 0.04	15.41± 0.35	27.02± 0.14	27.70± 0.18	26.41± 0.01	26.64± 0.41
16T8247	GhBC1	5.70± 0.04**	19.13± 0.02**	25.95± 0.04*	28.22± 0.26	27.73± 0.03**	25.28± 0.28**
16T8252	GhBC1	4.60± 0.10**	21.62± 0.27**	28.29± 0.21*	30.82± 0.22**	30.63± 0.04**	30.71± 0.1**
16T8258	GhBCCP1	4.78± 0.22**	20.04± 0.27**	25.39± 0.35**	29.98± 0.15**	28.36± 0.01**	28.32± 0.14**
16T8259	GhBCCP1	3.48± 0.11*	17.58± 0.22	26.92± 0.22	28.85± 0.39**	29.35± 0.01**	27.99± 0.13**
16T8260	GhCTβ	4.70± 0.23**	15.00± 0.27	29.62± 0.37**	31.17± 0.21**	29.96± 0.05**	30.34± 0.39**
16T8262	GhCTβ	3.37± 0.32*	16.26± 0.44	21.67± 0.43**	27.46± 0.21	29.57± 0.51**	28.44± 0.1**
11-0512	对照组	4.58± 0.15	18.08± 0.73	26.54± 0.18	28.33± 0.17	28.25± 0.19	28.11± 0.22
16T8265	GhCTα2	11.63± 0.10**	23.32± 1.97**	25.60± 0.29*	34.63± 0.25**	31.40± 0.17**	28.98± 0.11*
16T8266	GhCTα2	4.74± 0.19	18.41± 0.13	28.38± 0.39**	30.09± 0.26**	28.25± 0.06	26.35± 0.28**

注:*和**分别表示在 $P<0.05$ 和 $P<0.01$ 水平上达到显著性水平和极显著性水平。

表 8-16　T₉转基因棉花材料棉仁不同发育时期的油分含量变化(单位:%)

棉花材料	基因	20 DPA	25 DPA	30 DPA	35 DPA	40 DPA	成熟期
Xu244	对照组	2.72± 0.04	15.41± 0.35	27.02± 0.14	27.70± 0.18	26.41± 0.01	26.64± 0.41

续表

棉花材料	基因	20 DPA	25 DPA	30 DPA	35 DPA	40 DPA	成熟期
16T8171	GhCTβ	3.54±0.23*	17.48±0.22*	22.79±0.14**	26.23±0.05**	29.62±0.33**	28.29±0.40**
16T8172	GhBC1	6.45±0.32**	12.08±0.54**	22.12±0.18**	31.66±0.01**	28.17±0.14**	29.27±0.06**
16T8173	GhBCCP1	5.18±0.15**	10.58±0.30**	25.72±0.20**	27.18±0.12*	25.18±0.02**	27.83±0.21*
11-0512	对照组	4.58±0.15	18.08±0.73	26.54±0.18	28.33±0.17	28.25±0.19	28.11±0.22
16T8174	GhCTα2	5.71±0.18**	17.41±0.31	23.47±0.25**	29.53±0.16**	29.81±0.01**	28.84±0.62

注：* 和 ** 分别表示在 $P < 0.05$ 和 $P < 0.01$ 水平上达到显著性水平和极显著性水平。

8.3.4.2 转基因棉花材料棉仁中油分动态变化分析

进一步对 T_9 代四个亚基基因的转基因棉花材料中棉仁动态油分增加情况进行分析。从表 8-17 中可以看出，四个亚基基因（GhBCCP1、GhBC1、GhCTα2 和 GhCTβ）的转基因材料棉仁在 30～35 DPA 阶段油分含量均增加。推测这四个亚基基因在 30～35 DPA 阶段参与种子油分积累，且起着重要的作用。

表 8-17 T_9 转基因棉花材料棉仁油分含量增加动态变化(单位:%)

棉花材料	基因	20～25 DPA	25～30 DPA	30～35 DPA	35～40 DPA	成熟期
Xu244	对照组	12.69	11.61	0.68	−1.29	0.23
16T8171	GhCTβ	13.94	5.31	3.44	3.39	−1.33
16T8172	GhBC1	5.63	10.04	9.54	−3.49	1.10
16T8173	GhBCCP1	5.40	15.14	1.46	−2.00	2.65
11-0512	对照组	13.50	8.46	1.79	−0.08	−0.14
16T8174	GhCTα2	11.70	6.06	6.06	0.28	−0.97

9 四亚基基因的聚合材料功能验证

9.1 聚合材料的基本信息及农艺性状调查

9.1.1 聚合材料的基本信息

选择油分较高的单基因转基因材料(单拷贝)于 2014 年夏播种在中国农业大学河间基地,在棉花盛花期进行转基因材料的株对株杂交,收获杂交聚合铃 F_1 代及其对应的父母本自交铃,播种后,田间涂抹卡那霉素进行鉴定,同时挂牌标记杂交单株并取样,进行室内 PCR 鉴定。获得的两聚合单株分别收获 F_2 代自交铃和杂交铃,由于单株种子量较少,故没有进行油分测定。随后将 F_2 代单株自交铃播种成株系,依次完成阳性植株鉴定、自交等,最后收获 F_3 代自交铃和自结铃,用自结铃进行油分测定;为了进一步确定聚合材料的上下代油分一致性,又进行了 F_4 代聚合材料油分的测定。

9.1.2 聚合材料的农艺性状调查

对获得的聚合基因材料株系进行农艺性状调查,每个株系调查 5 株,进行多重比较分析。聚合材料 16T8175 和 16T8176($GhBCCP1 \times GhCT\beta$)的果枝数和成铃数与亲本材料 16T8171($GhCT\beta$)和 16T8173($GhBCCP1$)相比无显著差异,而16T8176($GhBCCP1 \times GhCT\beta$)的株高与 16T8173($GhBCCP1$)的株高相比显著下降(表 9-1);聚合材料 16T8178 和 16T8179($GhCT\beta \times GhBC1$)的株高与亲本材料16T8171($GhCT\beta$)相比显著增加,果枝数和成铃数与亲本材料 16T8171($GhCT\beta$)和 16T8172($GhBC$)相比无显著差异(表 9-2);聚合材料 16T8180 和 16T8182($GhBCCP1 \times GhCT\alpha2$)与亲本材料 16T8173($GhBCCP1$)和 16T8174($GhCT\alpha2$)相比,株高显著低于亲本材料,果枝数无显著差异,而成铃数与亲本材料 16T8174 相比显著减少(表 9-3)。

表 9-1　异质型 GhACCase *GhCTβ* 和 *GhBCCP1* 两亚基基因聚合转基因植株农艺性状

材料	基因	世代	受体材料	株高（cm）	果枝数	成铃数
16T8171	*GhCTβ*	F_9	Xu244	97.20±1.66^{ab}	15.20±0.37^a	17.20±1.53^a
16T8173	*GhBCCP1*	F_9	Xu244	110.00±2.86^b	13.80±1.16^a	21.60±3.14^a
16T8175	*GhBCCP1*×*GhCTβ*	F_4	Xu244	111.00±5.99^b	14.00±0.84^a	16.60±2.91^a
16T8176	*GhBCCP1*×*GhCTβ*	F_4	Xu244	89.20±3.99^a	13.60±0.68^a	18.00±2.43^a

注：上标字母表示不同材料相同性状间差异显著（$P<0.05$）。

表 9-2　异质型 GhACCase *GhCTβ* 和 *GhBC1* 两亚基基因聚合转基因植株农艺性状

材料	基因	世代	受体材料	株高（cm）	果枝数	成铃数
16T8171	*GhCTβ*	F_9	Xu244	97.20±1.66^a	15.20±0.37^a	17.20±1.53^a
16T8172	*GhBC1*	F_9	Xu244	123.80±5.91^b	14.60±2.04^a	23.80±3.61^a
16T8178	*GhCTβ*×*GhBC1*	F_4	Xu244	119.40±3.64^b	14.40±0.81^a	18.00±1.92^a
16T8179	*GhCTβ*×*GhBC1*	F_4	Xu244	114.60±2.89^b	13.80±0.58^a	20.60±1.72^a

注：上标字母表示不同材料相同性状间差异显著（$P<0.05$）。

表 9-3　异质型 GhACCase *GhBCCP1* 和 *GhCTα2* 两亚基基因聚合转基因植株农艺性状

材料	基因	世代	受体材料	株高（cm）	果枝数	成铃数
16T8173	*GhBCCP1*	F_9	Xu244	110.00±2.86^b	13.80±1.16^a	21.60±3.14^{ab}
16T8174	*GhCTα2*	F_9	11-0512	118.00±1.34^b	15.80±0.37^a	26.80±1.66^b
16T8180	*GhBCCP1*×*GhCTα2*	F_4	—	99.80±3.76^a	14.20±0.73^a	18.20±1.39^a
16T8182	*GhBCCP1*×*GhCTα2*	F_4	—	92.60±1.03^a	12.80±0.49^a	16.40±1.86a

注：上标字母表示不同材料相同性状间差异显著（$P<0.05$）。

9.2　聚合材料棉仁发育过程中含水量、形态、干重及油分变化分析

9.2.1　聚合材料棉仁发育过程中含水量变化分析

分析单个亚基基因的过表达转基因材料棉仁不同发育时期的含水量变化情况后,进一步分析两亚基基因聚合后的聚合材料棉仁不同发育时期含水量的变化情况。每个材料每个时期重复 2 次,之后进行多重比较分析。从表 9-4 可以看出,聚合材料 16T8175 和 16T8176($GhBCCP1 \times GhCT\beta$)的棉仁在发育的 30～40 DPA 阶段水分含量较两个亲本均显著下降;聚合材料 16T8178 和 16T8179($GhCT\beta \times GhBC1$)棉仁的整个发育阶段含水量较两个亲本相比均显著下降(表 9-5);聚合材料 16T8180 和 16T8182($GhBCCP1 \times GhCT\alpha2$)棉仁的发育后期(35～45 DPA)含水量较两个亲本均显著下降(表 9-6)。这些结果初步说明,$GhBCCP1 \times GhCT\beta$、$GhCT\beta \times GhBC1$ 和 $GhBCCP1 \times GhCT\alpha2$ 亚基基因聚合过表达后均能显著降低聚合材料棉仁发育后期的含水量,从而促进棉仁的快速脱水成熟。

表 9-4　*GhCTβ* 和 *GhBCCP1* 两亚基基因聚合棉花材料棉仁发育过程中含水量变化(单位:%)

棉花材料	基因	20 DPA	25 DPA	30 DPA	35 DPA	40 DPA	45 DPA
16T8171	$GhCT\beta$	82.07± 0.13[ab]	81.93± 0.22[c]	73.57± 0.16[c]	66.02± 0.03[c]	53.72± 0.19[c]	49.38± 0.13[b]
16T8173	$GhBCCP1$	82.91± 0.30[b]	80.82± 0.16[bc]	71.36± 0.33[b]	66.15± 0.22[c]	57.53± 0.12[d]	49.72± 0.25[b]
16T8175	$GhBCCP1 \times GhCT\beta$	82.14± 0.00[ab]	78.11± 0.50[a]	68.08± 0.15[a]	59.85± 0.09[b]	51.61± 0.47[b]	48.99± 0.22[b]
16T8176	$GhBCCP1 \times GhCT\beta$	81.57± 0.09[a]	79.98± 0.12[b]	66.47± 0.47[a]	58.17± 0.13[a]	50.01± 0.01[b]	46.33± 0.27[a]

注:上标字母表示不同材料相同时期间差异显著($P<0.05$)。

表 9-5   *GhCTβ* 和 *GhBC1* 两亚基基因聚合棉花材料棉仁发育过程中
含水量变化(单位:%)

棉花材料	基因	20 DPA	25 DPA	30 DPA	35 DPA	40 DPA	45 DPA
16T8171	*GhCTβ*	82.07± 0.13[b]	81.93± 0.22[c]	73.57± 0.16[c]	66.02± 0.03[c]	53.72± 0.19[c]	49.38± 0.13[b]
16T8172	*GhBC1*	84.15± 0.04[b]	82.9± 0.24[c]	78.96± 0.27[d]	68.18± 0.18[d]	61.34± 0.28[d]	55.81± 0.57[c]
16T8178	*GhCTβ*× *GhBC1*	81.35± 0.22[a]	79.48± 0.40[b]	68.34± 0.30[b]	57.67± 0.27[b]	51.54± 0.36[b]	47.73± 0.11[ab]
16T8179	*GhCTβ*× *GhBC1*	81.05± 0.06[a]	77.56± 0.07[a]	65.49± 0.46[a]	52.32± 0.27[a]	49.42± 0.37[a]	46.91± 0.18[a]

注:上标字母表示不同材料相同时期间差异显著($P<0.05$)。

表 9-6   *GhCTβ* 和 *GhCTα2* 两亚基基因聚合棉花材料棉仁发育过程中
含水量变化(单位:%)

棉花材料	基因	20 DPA	25 DPA	30 DPA	35 DPA	40 DPA	45 DPA
16T8173	*GhBCCP1*	82.91± 0.30[a]	80.82± 0.16[b]	71.36± 0.33[b]	66.15± 0.22[b]	57.53± 0.12[b]	49.72± 0.25[b]
16T8174	*GhCTα2*	81.83± 0.01[a]	81.15± 0.38[b]	75.14± 0.02[d]	66.11± 0.05[b]	59.09± 0.45[b]	59.09± 0.45[c]
16T8180	*GhBCCP1*× *GhCTα2*	86.40± 0.45[b]	81.43± 0.27[b]	73.26± 0.22[c]	61.97± 0.76[a]	54.00± 0.34[a]	46.44± 0.31[a]
16T8182	*GhBCCP1*× *GhCTα2*	80.91± 0.63[a]	75.82± 0.26[a]	69.67± 0.16[a]	63.01± 0.42[a]	55.40± 0.30[a]	49.07± 0.81[ab]

注:上标字母表示不同材料相同时期间差异显著($P<0.05$)。

9.2.2　聚合材料棉仁发育过程中形态变化分析

本书用去种皮、烘干后的棉仁形态来反映棉仁成熟度的程度及形态大小。从
图 9-1 和图 9-2 中可以看出,聚合材料 16T8175 和 16T8176(*GhBCCP1*×*GhCTβ*)
和聚合材料 16T8178 和 16T8179(*GhCTβ*×*GhBC1*)的棉仁形态大小与亲本材料无

明显区别;而聚合材料 16T8180 和 16T8182(*GhBCCP1*×*GhCTα2*)在 45 DPA 的棉仁形态比亲本材料(16T8173 和 16T8174)略显细长(图 9-3)。

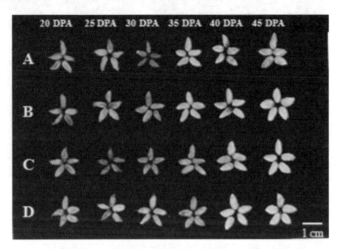

图 9-1　*GhBCCP1*×*GhCTβ* 棉仁不同发育时期胚珠形态变化

注:A～D 分别代表棉花材料 16T8173、16T8171、16T8175 和 16T8176。

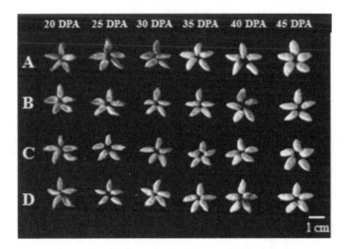

图 9-2　*GhCTβ*×*GhBC1* 棉仁不同发育时期胚珠形态变化

注:A～D 分别代表棉花材料 16T8171、16T8172、16T8178 和 16T8179。

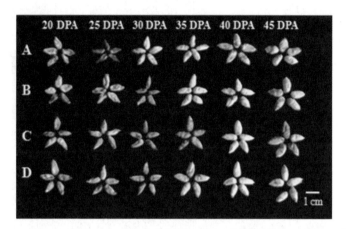

图 9-3　GhBCCP1×GhCTα2 棉仁不同发育时期胚珠形态变化

注：A～D 分别代表棉花材料 16T8174、16T8173、16T8180 和 16T8182。

9.2.3　聚合材料棉仁发育过程中百粒重变化分析

分析单基因过表达棉花材料的百粒重情况后，进一步分析两亚基基因聚合后的聚合材料百粒重的变化情况，每份材料称取烘干后 100 粒棉仁进行称重，每个材料每个时期重复 3 次，之后进行多重比较分析。从表 9-7 可以看出，聚合材料 16T8175 和 16T8176（GhBCCP1×GhCTβ）在棉仁 20～25 DPA 阶段，百粒重与两个亲本材料 16T8171（GhCTβ）和 16T8173（GhBCCP1）相比均显著增加，说明 Gh-BCCP1 与 GhCTβ 单亚基聚合后，能在一定程度上提高聚合材料棉仁发育前期的百粒重。

表 9-7　GhCTβ 和 GhBCCP1 两亚基基因聚合棉花材料棉仁发育过程中的百粒重变化（单位：g）

棉花材料	基因	20 DPA	25 DPA	30 DPA	35 DPA	40 DPA	45 DPA
16T8171	GhCTβ	1.43± 0.01^a	1.77± 0.02^a	2.97± 0.07^b	3.95± 0.04^b	4.65± 0.02^c	5.52± 0.03^b
16T8173	GhBCCP1	1.57± 0.01^b	1.75± 0.03^a	2.07± 0.01^a	3.77± 0.11^{ab}	3.80± 0.03^a	4.76± 0.08^a
16T8175	GhBCCP1× GhCTβ	1.78± 0.02^c	2.28± 0.03^b	3.07± 0.03^b	3.57± 0.06^a	4.47± 0.01^b	5.85± 0.11^c
16T8176	GhBCCP1× GhCTβ	1.87± 0.05^c	2.27± 0.01^b	3.09± 0.03^b	3.59± 0.05^a	4.49± 0.01^b	5.69± 0.01^{bc}

注：上标字母表示不同材料相同时期间差异显著（$P<0.05$）。

从表 9-8 可以看出,聚合材料 16T8178 和 16T8179（$GhCT\beta\times GhBC1$）的棉仁百粒重分别与亲本材料 16T8171（$GhCT\beta$）和 16T8172（$GhBC1$）相比,其棉仁发育前期（20～25 DPA）的百粒重均显著增加,说明 $GhCT\beta$ 与 $GhBC1$ 单亚基基因聚合过表达后,能增加聚合材料棉仁初期的百粒重。从表 9-9 可以看出,聚合材料 16T8180 和 16T8182（$GhBCCP1\times GhCT\alpha2$）的百粒重与亲本材料 16T8173（$GhBCCP1$）和 16T8174（$GhCT\alpha2$）相比,其棉仁发育 20 DPA 时百粒重显著增加。

表 9-8 $GhCT\beta$ 和 $GhBC1$ 两亚基基因聚合棉花材料棉仁发育过程中的百粒重变化（单位:g）

棉花材料	基因	20 DPA	25 DPA	30 DPA	35 DPA	40 DPA	45 DPA
16T8171	$GhCT\beta$	1.43± 0.01[a]	1.77± 0.02[a]	2.97± 0.07[b]	3.95± 0.04[b]	4.65± 0.02[c]	5.52± 0.03[c]
16T8172	$GhBC1$	1.45± 0.01[a]	1.77± 0.03[a]	2.19± 0.01[a]	3.65± 0.11[ab]	3.59± 0.04[a]	4.54± 0.02[a]
16T8178	$GhCT\beta\times GhBC1$	1.72± 0.01[b]	2.24± 0.05[b]	2.87± 0.06[b]	3.46± 0.06[a]	3.49± 0.06[a]	4.46± 0.06[a]
16T8179	$GhCT\beta\times GhBC1$	1.72± 0.03[b]	2.08± 0.15[ab]	2.33± 0.06[a]	3.37± 0.07[a]	4.37± 0.07[b]	4.87± 0.05[b]

注:上标字母表示不同材料相同时期间差异显著（$P<0.05$）。

表 9-9 $GhBCCP1$ 和 $GhCT\alpha2$ 两亚基基因聚合棉花材料棉仁发育过程中的百粒重变化（单位:g）

棉花材料	基因	20 DPA	25 DPA	30 DPA	35 DPA	40 DPA	45 DPA
16T8173	$GhBCCP1$	1.57± 0.01[b]	1.75± 0.03[a]	2.07± 0.01[a]	3.77± 0.11[ab]	3.80± 0.03[a]	4.76± 0.08[b]
16T8174	$GhCT\alpha2$	1.47± 0.01[a]	1.88± 0.02[a]	2.86± 0.04[b]	3.53± 0.02[a]	5.10± 0.03[c]	5.49± 0.03[c]
16T8180	$GhBCCP1\times GhCT\alpha2$	1.90± 0.01[d]	2.09± 0.05[b]	2.68± 0.02[b]	4.01± 0.03[b]	3.81± 0.04[a]	5.66± 0.01[c]
16T8182	$GhBCCP1\times GhCT\alpha2$	1.76± 0.03[c]	1.79± 0.01[a]	2.65± 0.12[b]	3.82± 0.03[b]	4.31± 0.01[b]	4.33± 0.03[a]

注:上标字母表示不同材料相同时期间差异显著（$P<0.05$）。

9.2.4 聚合材料棉仁发育过程中油分含量变化分析

分析单个亚基基因的过表达转基因材料棉仁不同发育时期的油分情况后,进一步分析两亚基基因聚合后的聚合材料棉仁不同发育时期的油分变化情况,每份材料每个时期称取 2 g 以上的棉仁,通过索氏提取法测定油分含量,每个材料每个时期重复 2 次,之后进行多重比较分析。聚合材料16T8175 和 16T8176($GhBC$-$CP1×GhCT\beta$)的油分与对应的单亚基基因的亲本材料 16T8171($GhCT\beta$)和 16T8173($GhBCCP1$)相比,在20~25 DPA 和 35~40 DPA 阶段油分含量显著上升(表 9-10)。$GhCT\beta×GhBC1$ 与 $GhBCCP1×GhCT\alpha2$ 的聚合材料油分积累变化趋势复杂。聚合材料 16T8178 和 16T8179($GhCT\beta×GhBC1$)的油分与对应的单亚基基因的亲本材料 16T8171($GhCT\beta$)和 16T8172($GhBC1$)相比,聚合材料 16T8178 和 16T8179($GhCT\beta×GhBC1$)的油分在 25~30 DPA 阶段显著上升,而聚合材料 16T8179($GhCT\beta×GhBC1$)的油分在成熟期显著下降(表 9-11)。聚合材料 16T8180 和 16T8182($GhBCCP1×GhCT\alpha2$)棉仁不同发育时期油分分别与对应的单亚基基因的亲本材料 16T8171($GhCT\beta$)、16T8172($GhBC1$)相比,聚合材料 16T8180 的棉仁在35 DPA 阶段油分显著上升,而聚合材料 16T8182($GhBCCP1×GhCT\alpha2$)的棉仁在20 DPA 阶段显著下降,40 DPA 阶段显著上升,成熟期时显著下降(表 9-12)。

表 9-10 $GhCT\beta$ 和 $GhBCCP1$ 两亚基基因聚合棉花材料不同发育时期棉仁油分含量变化(单位:%)

棉花材料	基因	20 DPA	25 DPA	30 DPA	35 DPA	40 DPA	成熟期
16T8171	$GhCT\beta$	3.54±0.23[a]	17.48±0.22[a]	22.79±0.14[a]	26.23±0.05[a]	29.62±0.33[b]	28.29±0.4[a]
16T8173	$GhBCCP1$	5.18±0.15[b]	10.58±0.30[b]	25.72±0.20[b]	27.18±0.12[b]	25.18±0.02[a]	27.83±0.21[a]
16T8175	$GhBCCP1×GhCT\beta$	6.42±0.13[c]	19.04±0.07[c]	23.09±0.28[a]	29.70±0.38[b]	32.16±0.004[c]	27.6±0.35[a]
16T8176	$GhBCCP1×GhCT\beta$	7.33±0.10[c]	20.46±0.34[c]	29.32±0.23[c]	30.90±0.01[c]	33.27±0.02[d]	27.55±0.42[a]

注:上标字母表示不同材料相同时期间差异显著($P<0.05$)。

表 9-11 $GhCT\beta$ 和 $GhBC1$ 两亚基基因聚合棉花材料不同发育时期棉仁油分含量变化(单位:%)

棉花材料	基因	20 DPA	25 DPA	30 DPA	35 DPA	40 DPA	成熟期
16T8171	$GhCT\beta$	3.54±0.23[a]	17.48±0.22[b]	22.79±0.14[a]	26.23±0.05[a]	29.62±0.33[b]	28.29±0.40[b]
16T8172	$GhBC1$	6.45±0.32[b]	12.08±0.54[a]	22.12±0.18[a]	31.66±0.01[c]	28.17±0.14[a]	29.27±0.06[c]

棉花材料	基因	20 DPA	25 DPA	30 DPA	35 DPA	40 DPA	成熟期
16T8178	$GhCT\beta \times$ $GhBCl$	$6.15\pm$ 0.10^b	$19.96\pm$ 0.12^c	$26.23\pm$ 0.43^b	$30.62\pm$ 0.26^b	$30.30\pm$ 0.01^b	$28.38\pm$ 0.15^b
16T8179	$GhCT\beta \times$ $GhBCl$	$5.09\pm$ 0.26^b	$15.65\pm$ 0.25^b	$24.47\pm$ 0.83^{ab}	$31.03\pm$ 0.19^{bc}	$29.37\pm$ 0.02^b	$27.43\pm$ 0.14^a

注:上标字母表示不同材料相同时期间差异显著($P<0.05$)。

表 9-12 **GhBCCP1 和 GhCTα2 两亚基基因聚合棉花材料不同发育时期棉仁油分含量变化**(单位:%)

棉花材料	基因	20 DPA	25 DPA	30 DPA	35 DPA	40 DPA	成熟期
16T8173	$GhBCCP1$	$5.18\pm$ 0.15^b	$10.58\pm$ 0.30^a	$25.72\pm$ 0.2^b	$27.18\pm$ 0.12^a	$25.18\pm$ 0.02^a	$27.83\pm$ 0.21^b
16T8174	$GhCT\alpha 2$	$5.71\pm$ 0.18^b	$17.41\pm$ 0.31^c	$23.47\pm$ 0.25^a	$29.53\pm$ 0.16^b	$29.81\pm$ 0.01^c	$28.84\pm$ 0.62^c
16T8180	$GhBCCP1 \times$ $GhCT\alpha 2$	$5.59\pm$ 0.02^b	$12.01\pm$ 0.08^{ab}	$26.27\pm$ 0.45^b	$32.14\pm$ 0.4^c	$28.42\pm$ 0.02^b	$28.08\pm$ 0.35^b
16T8182	$GhBCCP1 \times$ $GhCT\alpha 2$	$3.62\pm$ 0.11^a	$12.39\pm$ 0.37^b	$26.00\pm$ 0.43^b	$29.21\pm$ 0.44^b	$32.78\pm$ 0.03^d	$27.20\pm$ 0.18^a

注:上标字母表示不同材料相同时期间差异显著($P<0.05$)。

参 考 文 献

［1］ 陈姣，陈金湘，江曲. 棉花不同基因型品种棉仁含油量及其与纤维品质性状的关系［J］. 作物研究，2014，28（1）：27-30.

［2］ 王彦霞，刘正杰，马峙英，等. RNA 干涉技术与棉花高油育种［J］. 棉花学报，2011，23（2）：178-183.

［3］ 马建江，吴嫚，裴文锋，等. 棉花种子发育过程中脂肪及脂肪酸积累模式研究［J］. 棉花学报，2015，27（2）：95-103.

［4］ 华方静. 花生油脂合成关键酶基因 *GPAT9* 和 *LPAAT* 的分子特征及在籽仁中的表达分析［D］. 泰安：山东农业大学，2013.

［5］ 李淞淋，张雯丽. 中国食用植物油消费发展及展望［J］. 农业展望，2016，12（9）：75-77.

［6］ 王保明. 油茶 ACCase 基因的克隆及功能研究［D］. 长沙：中南林业科技大学，2012.

［7］ 卢善发. 植物脂肪酸的生物合成与基因工程［J］. 植物学通报，2000，17（6）：481-491.

［8］ 周奕华，陈正华. 植物种子中脂肪酸代谢途径的遗传调控与基因工程［J］. 植物学通报，1998，15（5）：16-23.

［9］ CHAPMAN K D，OHLROGGE J B. Compartmentation of triacylglycerol accumulation in plants［J］. Journal of Biological Chemistry，2012，287（4）：2288-2294.

［10］ SAVADI S，LAMBANI N，KASHYAP P L，et al. Genetic engineering approaches to enhance oil content in oilseed crops［J］. Plant Growth Regulation，2017，83：207-222.

［11］ BAO X M，OHLROGGE J. Supply of fatty acid is one limiting factor in the accumulation of triacylglycerol in developing embryos［J］. Plant Physiology，1999，120(4)：1057-1062.

[12]　SASAKI Y，NAGANO Y. Plant acetyl-CoA carboxylase：structure，biosynthesis，regulation，and gene manipulation for plant breeding[J]. Bioscience，Biotechnology，and Biochemistry，2004，68(6)：1175-1184.

[13]　JAKO C，KUMAR A，WEI Y D，et al. Seed-specific over-expression of an *Arabidopsis* cDNA encoding a diacylglycerol acyltransferase enhances seed oil content and seed weight[J]. Plant Physiology，2001，126(2)：861-874.

[14]　BATES P D，STYMNE S，OHLROGGE J. Biochemical pathways in seed oil synthesis[J]. Current Opinion in Plant Biology，2013，16(3)：358-364.

[15]　FRENTZEN M. Acyltransferases from basic science to modified seed oils[J]. European Journal of Lipid Science and Technology，1998，100(4-5)：161-166.

[16]　DAHLQVIST A，STAHL U，LENMAN M，et al. Phospholipid：diacylglycerol acyltransferase：an enzyme that catalyzes the acyl-CoA-independent formation of triacylglycerol in yeast and plants[J]. Proceedings of the National Academy of Sciences，2000，97(12)：6487-6492.

[17]　周丹，赵江哲，柏杨，等. 植物油脂合成代谢及调控的研究进展[J]. 南京农业大学学报，2012，35(5)：77-86.

[18]　SHANG L G，ABDUWELI A，WANG Y M，et al. Genetic analysis and QTL mapping of oil content and seed index using two recombinant inbred lines and two backcross populations in upland cotton[J]. Plant Breeding，2016，135(2)：224-231.

[19]　SLABAS A R，COTTINGHAM I R，AUSTIN A，et al. Immunological detection of NADH-specific enoyl-ACP reductase from rape seed (*Brassica napus*)—induction，relationship of α and β polypeptides，mRNA translation and interaction with ACP[J]. Biochimica et Biophysica Acta，1990，1039(2)：181-188.

[20]　NIKOLAU B J，OHLROGGE J B，WURTELE E S. Plant biotin-containing carboxylases[J]. Archives of Biochemistry Biophysics，2003，414(2)：211-222.

[21]　RAJASEKHARAN R，NACHIAPPAN V. Fatty acid biosynthesis and regulation in plants[M]//Plant developmental biology-biotechnological perspectives. Heidelberg：Springer，2009：105-115.

[22] KANNANGARA C G, STUMPF P K. Fat metabolism in higher plants: LIV. A procaryotic type acetyl CoA carboxylase in spinach chloroplasts [J]. Archives of Biochemistry Biophysics, 1972, 152(1): 83-91.

[23] TANABE T, WADA K, OKAZAKI T, et al. Acetyl-coenzyme-A carboxylase from rat liver: subunit structure and proteolytic modification[J]. European Journal of Biochemistry, 1975, 57(1): 15-24.

[24] STUMPF P K. Biosynthesis of saturated and unsaturated fatty acids [M]//Lipids: Structure and Function. New York: Academic press, 1980: 177-204.

[25] OHYAMA K, FUKUZAWA H, KOHCHI T, et al. Chloroplast gene organization deduced from complete sequence of liverwort *Marchantia polymorpha* chloroplast DNA[J]. Nature, 1986, 322(6079): 572-574.

[26] SHINOZAKI K, OHME M, TANAKA M, et al. The complete nucleotide sequence of the tobacco chloroplast genome: its gene organization and expression[J]. The EMBO Journal, 1986, 5(9): 2043-2049.

[27] SASAKI Y, HAKAMADA K, SUAMA Y, et al. Chloroplast-encoded protein as a subunit of acetyl-CoA carboxylase in pea plant[J]. Journal of Biological Chemistry, 1993, 268(33): 25118-25123.

[28] HIRATSUKA J, SHIMADA H, WHITTIER R, et al. The complete sequence of the rice (*Oryza sativa*) chloroplast genome: intermolecular recombination between distinct tRNA genes accounts for a major plastid DNA inversion during the evolution of the cereals[J]. Molecular General Genetics, 1989, 217: 185-194.

[29] OGIHARA Y, TERACHI T, SASAKUMA T. Intramolecular recombination of chloroplast genome mediated by short direct-repeat sequences in wheat species[J]. Proceedings of the National Academy of Sciences, 1988, 85 (22): 8573-8577.

[30] LI S J, CRONAN J E. The genes encoding the two carboxyltransferase subunits of *Escherichia* coli acetyl-CoA carboxylase[J]. Journal of Biological Chemistry, 1992, 267(24): 16841-16847.

[31] KONISHI T, SHINOHARA K, YAMADA K, et al. Acetyl-CoA carboxylase in higher plants: most plants other than gramineae have both the prokaryotic and the eukaryotic forms of this enzyme[J]. Plant and Cell Physiology,

1996，37(2)：117-122.

[32] LICHTENTHALER H K. Mode of action of herbicides affecting ace-tyl-CoA carboxylase and fatty acid biosynthesis[J]. Zeitschrift für Naturfors-chung C，1990，45(5)：521-528.

[33] KONISHI T，SASAKI Y. Compartmentalization of two forms of ace-tyl-CoA carboxylase in plants and the origin of their tolerance toward herbicides [J]. Proceedings of the National Academy of Sciences，1994，91(9)：3598-3601.

[34] 李洁琼，郑世学，喻子牛，等. 乙酰辅酶 A 羧化酶：脂肪酸代谢的关键酶及其基因克隆研究进展[J]. 应用与环境生物学报，2011，17(5)：753-758.

[35] GORNICKI P，PODKOWINSKI J，SCAPPINO L A，et al. Wheat a-cetyl-coenzyme A carboxylase：cDNA and protein structure[J]. Proceedings of the National Academy of Sciences，1994，91(15)：6860-6864.

[36] PODKOWINSKI J，SROGA G E，HASELKORN R，et al. Structure of a gene encoding a cytosolic acetyl-CoA carboxylase of hexaploid wheat[J]. Proceedings of the National Academy of Sciences，1996，93(5)：1870-1874.

[37] 赵虎基，王国英. 植物乙酰辅酶 A 羧化酶的分子生物学与基因工程 [J]. 中国生物工程杂志，2003，23(2)：12-16.

[38] 王伏林. 油菜籽油脂合成途径上游 ACCase 和 PEPCase 基因的克隆及功能研究[D]. 杭州：浙江大学，2012.

[39] TONG L. Acetyl-coenzyme A carboxylase：crucial metabolic enzyme and attractive target for drug discovery[J]. Cellular and Molecular Life Sciences，2005，62(16)：1784-1803.

[40] CRONAN J E，WALDROP G L. Multi-subunit acetyl-CoA carboxyl-ases[J]. Progress in Lipid Research，2002，41(5)：407-435.

[41] LI M J，XIA H，ZHAO C Z，et al. Isolation and characterization of putative acetyl-CoA carboxylases in *Arachis hypogaea* L. [J]. Plant Molecular Biology Reporter，2010，28：58-68.

[42] ELBOROUGH K M，WINZ R，DEKA R K，et al. Biotin carboxyl carrier protein and carboxyltransferase subunits of the multi-subunit form of ace-tyl-CoA carboxylase from *Brassica napus*：cloning and analysis of expression dur-ing oilseed rape embryogenesis[J]. Biochemical Journal，1996，315(1)：103-112.

[43] SCHULTE W，TÖPFER R，STRACKE R，et al. Multi-functional acetyl-CoA carboxylase from *Brassica napus* is encoded by a multi-gene family：

indication for plastidic localization of at least one isoform[J]. Proceedings of the National Academy of Sciences, 1997, 94(7): 3465-3470.

[44] DIACOVICH L, PEIR U S, KURTH D, et al. Kinetic and structural analysis of a new group of acyl-CoA carboxylases found in *Streptomyces coelicolor* A3 (2)[J]. Journal of Biological Chemistry, 2002, 277(34): 31228-31236.

[45] ZHA W J, RUBIN-PITEL S B, SHAO Z Y, et al. Improving cellular malonyl-CoA level in Escherichia coli via metabolic engineering[J]. Metabolic Engineering, 2009, 11(3): 192-198.

[46] HÜGLER M, KRIEGER R S, JAHN M, et al. Characterization of acetyl-CoA/propionyl-CoA carboxylase in *Metallosphaera sedula*: Carboxylating enzyme in the 3-hydroxypropionate cycle for autotrophic carbon fixation[J]. European Journal of Biochemistry, 2003, 270(4): 736-744.

[47] SALIE M J, THELEN J J. Regulation and structure of the heteromeric acetyl-CoA carboxylase[J]. Biochimica et Biophysica Acta-Molecular Cell Biology of Lipids, 2016, 1861(9): 1207-1213.

[48] LI Z G, YIN W B, GUO H, et al. Genes encoding the α-carboxyltransferase subunit of acetyl-CoA carboxylase from *Brassica napus* and parental species: cloning, expression patterns, and evolution[J]. Genome, 2010, 53(5): 360-370.

[49] SHINTANI D K, OHLROGGE J B. Feedback inhibition of fatty acid synthesis in tobacco suspension cells[J]. The Plant Journal, 1995, 7 (4): 577-587.

[50] SASAKI Y, NAGANO Y. Plant acetyl-CoA carboxylase: structure, biosynthesis, regulation, and gene manipulation for plant breeding[J]. Bioscience, Biotechnology, Biochemistry, 2004, 68(6): 1175-1184.

[51] MEADES G, BENSON B K, GROVE A, et al. A tale of two functions: enzymatic activity and translational repression by carboxyltransferase[J]. Nucleic Acids Research, 2010, 38(4): 1217-1227.

[52] 刘正杰,张园,王彦霞,等. 陆地棉异质型 ACCase 基因的种子特异表达载体构建与遗传转化[J]. 分子植物育种, 2011, 9(3): 270-277.

[53] OHLROGGE J, BROWSE J. Lipid biosynthesis[J]. The Plant Cell, 1995, 7(7): 957-970.

[54] REVERDATTO S, BEILINSON V, NIELSEN N C. A multisubunit

acetyl coenzyme A carboxylase from soybean[J]. Plant Physiology, 1999, 119 (3): 961-978.

[55] SHORROSH B S, ROESLER K R, SHINTANI D, et al. Structural analysis, plastid localization, and expression of the biotin carboxylase subunit of acetyl-coenzyme A carboxylase from tobacco[J]. Plant Physiology, 1995, 108 (2): 805-812.

[56] CHOI J K, YU F, WURTELE E S, et al. Molecular cloning and characterization of the cDNA coding for the biotin-containing subunit of the chloroplastic acetyl-coenzyme A carboxylase[J]. Plant Physiology, 1995, 109(2): 619-625.

[57] KE J, CHOI J K, SMITH M, et al. Structure of the CAC1 gene and in situ characterization of its expression (the arabidopsis thaliana gene coding for the biotin-containing subunit of the plastidic acetyl-coenzyme A carboxylase)[J]. Plant Physiology, 1997, 113(2): 357-365.

[58] KE J, WEN T N, NIKOLAU B J, et al. Coordinate regulation of the nuclear and plastidic genes coding for the subunits of the heteromeric acetyl-coenzyme A carboxylase[J]. Plant Physiology, 2000, 122(4): 1057-1072.

[59] THELEN J J, MEKHEDOV S, OHLROGGE J B. Brassicaceae express multiple isoforms of biotin carboxyl carrier protein in a tissue-specific manner[J]. Plant Physiology, 2001, 125(4): 2016-2028.

[60] QIAO Z X, LIU J Y. Cloning and characterization of cotton heteromeric acetyl-CoA carboxylase genes[J]. Progress in Natural Science, 2007, 17 (12): 1412-1418.

[61] GU K, CHIAM H, TIAN D, et al. Molecular cloning and expression of heteromeric ACCase subunit genes from *Jatropha curcas*[J]. Plant Science, 2011, 180(4): 642-649.

[62] 谭晓风, 蒋瑶, 王保明, 等. 油茶乙酰辅酶 A 羧化酶 BC 亚基全长 cDNA 克隆及序列分析[J]. 中南林业科技大学学报, 2010, 30(2): 1-9.

[63] 王哲, 谭晓风, 龙洪旭, 等. 油桐异质型乙酰辅酶 A 羧化酶 accA 亚基全长 cDNA 克隆及序列分析[J]. 经济林研究, 2014, 32(3): 1-7.

[64] XUAN W Y, ZHANG Y, LIU Z Q, et al. Molecular cloning and expression analysis of a novel BCCP subunit gene from *Aleurites moluccana*[J]. Genetics and Molecular Research, 2015, 14(3): 9922-9931.

[65] SAMIEE M, KOHNEHROUZ B, NOROUZI M. Cloning and bioinformatics analysis of *accD* gene from bell pepper (*Capsicum annuum*)[J]. International Journal of Agriculture and Biosciences, 2016,5(2): 67-72.

[66] DAVIS M S, SOLBIATI J, CRONAN J E. Overproduction of acetyl-CoA carboxylase activity increases the rate of fatty acid biosynthesis in *Escherichia coli*[J]. Journal of Biological Chemistry, 2000, 275(37): 28593-28598.

[67] KLAUS D, OHLROGGE J B, NEUHAUS H E, et al. Increased fatty acid production in potato by engineering of acetyl-CoA carboxylase[J]. Planta, 2004, 219(3): 389-396.

[68] LÜ S Y, ZHAO H Y, PARSONS E P, et al. The *glossyhead1* allele of *ACC1* reveals a principal role for multidomain acetyl-coenzyme A carboxylase in the biosynthesis of cuticular waxes by *Arabidopsis*[J]. Plant Physiology, 2011, 157(3): 1079-1092.

[69] CUI Y P, LIU Z J, ZHAO Y P, et al. Overexpression of heteromeric *GhACCase* subunits enhanced oil accumulation in upland cotton[J]. Plant Molecular Biology Reporter, 2017, 35: 287-297.

[70] MADOKA Y, TOMIZAWA K I, MIZOI J, et al. Chloroplast transformation with modified *accD* operon increases acetyl-CoA carboxylase and causes extension of leaf longevity and increase in seed yield in tobacco[J]. Plant and Cell Physiology, 2002, 43(12): 1518-1525.

[71] KODE V, MUDD E A, IAMTHAM S, et al. The tobacco plastid *accD* gene is essential and is required for leaf development[J]. The Plant Journal, 2005, 44(2): 237-244.

[72] BRYANT N, LLOYD J, SWEENEY C, et al. Identification of nuclear genes encoding chloroplast-localized proteins required for embryo development in *Arabidopsis*[J]. Plant Physiology, 2011, 155(4): 1678-1689.

[73] THELEN J J, OHLROGGE J B. Both antisense and sense expression of biotin carboxyl carrier protein isoform 2 inactivates the plastid acetyl-coenzyme A carboxylase in *Arabidopsis thaliana*[J]. The Plant Journal, 2002, 32(4): 419-431.

[74] LI X, ILARSLAN H, BRACHOVA L, et al. Reverse-genetic analysis of the two biotin-containing subunit genes of the heteromeric acetyl-coenzyme A carboxylase in *Arabidopsis* indicates a unidirectional functional redundancy[J].

Plant Physiology, 2011, 155(1): 293-314.

[75] 陈勇, 柳亦松, 曾建国. 植物基因组测序的研究进展[J]. 生命科学研究, 2014, 18(1): 66-74.

[76] HAMILTON J P, ROBIN B C. Advances in plant genome sequencing [J]. The Plant Journal, 2012, 70(1): 177-190.

[77] EDWARDS D, BATLEY J, SNOWDON R J. Accessing complex crop genomes with next-generation sequencing[J]. Theoretical and Applied Genetics, 2012, 126(1): 1-11.

[78] GOFF S A, RICKE D, LAN T H, et al. A draft sequence of the rice genome (*Oryza sativa* L. ssp. *japonica*)[J]. Science, 2002, 296(5565): 92-100.

[79] YU J, HU S, WANG J, et al. A draft sequence of the rice genome (*Oryza sativa* L. ssp. *indica*)[J]. Science, 2002, 296(5565): 79-92.

[80] BARTHELSON R, MCFARLIN A J, ROUNSLEY S D, et al. Plantagora: modeling whole genome sequencing and assembly of plant genomes[J]. PLoS One, 2011, 6(12): e28436.

[81] SCHNABLE P S, WARE D, FULTON R S, et al. The B73 maize genome: complexity, diversity, and dynamics[J]. Science, 2009, 326(5956): 1112-1115.

[82] CHEN Z J, SCHEFFLER B E, DENNIS E, et al. Toward sequencing cotton (*Gossypium*) genomes[J]. Plant Physiology, 2007, 145(4): 1303-1310.

[83] WANG K B, WANG Z W, LI F G, et al. The draft genome of a diploid cotton *Gossypium raimondii*[J]. Nature Genetics, 2012, 44(10): 1098-1103.

[84] PATERSON A H, WENDEL J F, GUNDLACH H, et al. Repeated polyploidization of *Gossypium* genomes and the evolution of spinnable cotton fibres[J]. Nature, 2012, 492(7429): 423-427.

[85] LI F G, FAN G Y, WANG K B, et al. Genome sequence of the cultivated cotton *Gossypium arboreum*[J]. Nature Genetics, 2014, 46(6): 567-572.

[86] LI F G, FAN G Y, LU C R, et al. Genome sequence of cultivated Upland cotton (*Gossypium hirsutum* TM-1) provides insights into genome evolution[J]. Nature Biotechnology, 2015, 33(5): 524-530.

[87]　ZHANG T Z, HU Y, JIANG W K, et al. Sequencing of allotetra-ploid cotton (*Gossypium hirsutum* L. acc. TM-1) provides a resource for fiber improvement[J]. Nature Biotechnology, 2015, 33(5): 531-537.

[88]　LIU X, ZHAO B, ZHENG H J, et al. *Gossypium barbadense* genome sequence provides insight into the evolution of extra-long staple fiber and specialized metabolites[J]. Scientific Reports, 2015, 5(1): 14139.

[89]　YUAN D J, TANG Z H, WANG M J, et al. The genome sequence of Sea-Island cotton (*Gossypium barbadense*) provides insights into the allopolyploidization and development of superior spinnable fibres[J]. Scientific Reports, 2015, 5(6): 469-472.

[90]　HAWKINS J S, KIM H R, NASON J D, et al. Differential lineage-specific amplification of transposable elements is responsible for genome size variation in *Gossypium*[J]. Genome Research, 2006, 16(10): 1252-1261.

[91]　WENDEL J F, BRUBAKER C, ALVAREZ I, et al. Evolution and natural history of the cotton genus[M]//RATERSON A H. Genetics and Genomics of Cotton. New York: Springer, 2009: 3-22.

[92]　ZHANG L, LI F G, LIU C L, et al. Construction and analysis of cotton (*Gossypium arboreum* L.) drought-related cDNA library[J]. BMC Research Notes, 2009, 2(1): 1-8.

[93]　SATTAR S, HUSSNAIN T, JAVAID A. Effect of NaCl salinity on cotton (*Gossypium arboreum* L.) grown on MS medium and in hydroponic cultures[J]. The Journal of Animal and Plant Sciences, 2010, 20(2): 87-89.

[94]　方荣, 陈学军, 缪南生, 等. 茄科植物比较基因组学研究进展[J]. 江西农业学报, 2007, 19(2): 35-38.

[95]　SONNHAMMER E L L, KOONIN E V. Orthology, paralogy and proposed classification for paralog subtypes[J]. Trends in Genetics, 2002, 18(12): 619-620.

[96]　KOONIN E V. Orthologs, paralogs, and evolutionary genomics[J]. Annual Review of Genetics, 2005, 39(1): 309-338.

[97]　GABALDÓN T, DESSIMOZ C, HUXLEY J J, et al. Joining forces in the quest for orthologs[J]. Genome Biology, 2009, 10: 403.

[98]　HURLES M. Gene duplication: the genomic trade in spare parts[J]. PLoS Biology, 2004, 2(7): e206.

[99]　FREELING M. Bias in plant gene content following different sorts of duplication: tandem, whole-genome, segmental, or by transposition[J]. Annual Review of Plant Biology, 2009, 60(1): 433-453.

[100]　刘伟. 两个二倍体棉种 CDPK 和 FAD 基因家族的全基因组鉴定与基因结构功能分析[D]. 杭州: 浙江大学, 2015.

[101]　HAN Y P, LI X Y, CHENG L, et al. Genome-wide analysis of soybean JmjC domain-containing proteins suggests evolutionary conservation following whole-genome duplication[J]. Frontiers in Plant Science, 2016, 7: 1800.

[102]　LIU W, LI W, HE Q L, et al. Genome-wide survey and expression analysis of calcium-dependent protein kinase in *Gossypium raimondii*[J]. PLoS One, 2014, 9(6): e98189.

[103]　MA J, WANG Q L, SUN R R, et al. Genome-wide identification and expression analysis of TCP transcription factors in *Gossypium raimondii*[J]. Scientific Reports, 2014, 4(1): 6645.

[104]　MUNIR S, KHAN M R G, SONG J W, et al. Genome-wide identification, characterization and expression analysis of calmodulin-like (CML) proteins in tomato (*Solanum lycopersicum*)[J]. Plant Physiology and Biochemistry, 2016, 102: 167-179.

[105]　ZENG L F, DENG R, GUO Z P, et al. Genome-wide identification and characterization of Glyceraldehyde-3-phosphate dehydrogenase genes family in wheat (*Triticum aestivum*)[J]. BMC Genomics, 2016, 17(1): 1-10.

[106]　YU J, WANG J, LIN W, et al. The genomes of *Oryza sativa*: a history of duplications[J]. PLoS Biology, 2005, 3(2): e38.

[107]　NAKANO T, SUZUKI K, FUJIMURA T, et al. Genome-wide analysis of the ERF gene family in *Arabidopsis* and rice[J]. Plant Physiology, 2006, 140(2): 411-432.

[108]　DU H, YANG S S, LIANG Z, et al. Genome-wide analysis of the MYB transcription factor superfamily in soybean[J]. BMC Plant Biology, 2012, 12: 106.

[109]　YIN G J, XU H L, XIAO S Y, et al. The large soybean (*Glycine max*) WRKY TF family expanded by segmental duplication events and subsequent divergent selection among subgroups[J]. BMC plant biology, 2013, 13(1): 148.

[110] CHAI G, WANG Z, TANG X, et al. *R2R3-MYB* gene pairs in *Populus*: evolution and contribution to secondary wall formation and flowering time[J]. Journal of Experimental Botany, 2014, 65(15): 4255-4269.

[111] ZHANG L, ZHAO H K, DONG Q L, et al. Genome-wide analysis and expression profiling under heat and drought treatments of *HSP70* gene family in soybean (*Glycine max* L.)[J]. Frontiers in Plant Science, 2015, 6: 773.

[112] WANG W, ZHENG H K, FAN C Z, et al. High rate of chimeric gene origination by retroposition in plant genomes[J]. The Plant Cell, 2006, 18 (8): 1791-1802.

[113] BURKI F, KAESSMANN H. Birth and adaptive evolution of a hominoid gene that supports high neurotransmitter flux[J]. Nature Genetics, 2004, 36(10): 1061-1063.

[114] MLADEK C, GUGER K, HAUSER M T. Identification and characterization of the *ARIADNE* gene family in *Arabidopsis*. A group of putative E3 ligases[J]. Plant Physiology, 2003, 131(1): 27-40.

[115] CAI C P, YE W X, ZHANG T Z, et al. Association analysis of fiber quality traits and exploration of elite alleles in upland cotton cultivars/accessions (*Gossypium hirsutum* L.)[J]. Journal of Integrative Plant Biology, 2014, 56(1): 51-62.

[116] CAO Z, WANG P, ZHU X, et al. SSR marker-assisted improvement of fiber qualities in *Gossypium hirsutum* using *G. barbadense* introgression lines[J]. Theoretical Applied Genetics, 2014, 127: 587-594.

[117] SHANG L G, LIANG Q Z, WANG Y M, et al. Epistasis together with partial dominance, over-dominance and QTL by environment interactions contribute to yield heterosis in upland cotton[J]. Theoretical Applied Genetics, 2016, 129(7): 1429-1446.

[118] PUGH D A, OFFLER C E, TALBOT M J, et al. Evidence for the role of transfer cells in the evolutionary increase in seed and fiber biomass yield in cotton[J]. Molecular Plant, 2010, 3(6): 1075-1086.

[119] SHANG L G, LIANG Q Z, WANG Y M, et al. Identification of stable QTLs controlling fiber traits properties in multi-environment using recombinant inbred lines in upland cotton (*Gossypium hirsutum* L.)[J]. Euphytica, 2015, 205(3): 877-888.

［120］ 李敬文. 通过调控 *GhPEPC* 和 *GhDGAT* 基因创造棉花高油种质[D]. 武汉：华中农业大学，2015.

［121］ SHANG L G, ABDUWELI A, WANG Y M, et al. Genetic analysis and QTL mapping of oil content and seed index using two recombinant inbred lines and two backcross populations in upland cotton[J]. Plant Breeding，2016，135(2)：224-231.

［122］ 商连光，李军会，王玉美，等. 棉籽油分含量近红外无损检测分析模型与应用[J]. 光谱学与光谱分析，2015，35(3)：609-612.

［123］ 杨艳，王贤磊，李冠. 六种新疆陆地棉棉籽脂肪酸成分分析[J]. 生物技术，2009，19(4)：54-56.

［124］ 宋俊乔，孙培均，张霞，等. 棉仁高油分材料筛选及其脂肪酸发育分析[J]. 棉花学报，2010，22(4)：291-296.

［125］ 韩智彪. 棉籽油份含量近红外测定技术研究[D]. 武汉：华中农业大学，2012.

［126］ 刘正杰. 棉籽油含量相关基因克隆与转基因研究[D]. 北京：中国农业大学，2013.

［127］ 孙英超. 棉仁脂肪酸积累规律及脂肪酸对纤维分化发育影响的研究[D]. 杭州：浙江大学，2014.

［128］ 刘丽，余渝，孔宪辉，等. 新疆早熟陆地棉籽粒发育特征研究及脂肪酸成分分析[J]. 西南农业学报，2016，29(4)：765-769.

［129］ 王美霞，马磊，杨伟华. 我国主栽棉花品种种子的脂肪酸组成与分析[C]//《棉花学报》编辑部. 中国农学会棉花分会 2016 年年会论文汇编，2016.

［130］ LIU D X, LIU F, SHAN X R, et al. Construction of a high-density genetic map and lint percentage and cottonseed nutrient trait QTL identification in upland cotton (*Gossypium hirsutum* L.)[J]. Molecular Genetics and Genomics，2015，290(5)：1683-1700.

［131］ YU J W, YU S X, FAN S L, et al. Mapping quantitative trait loci for cottonseed oil, protein and gossypol content in a *Gossypium hirsutum* × *Gossypium barbadense* backcross inbred line population[J]. Euphytica，2012，187(2)：191-201.

［132］ 刘小芳. 陆地棉(*Gossypium hirsutum* L.)重组自交系棉籽油分含量、蛋白质含量和棉酚含量的 QTL 定位[D]. 长沙：湖南农业大学，2013.

［133］ 何林池，徐鹏，郭婷婷，等. 陆地棉棉籽油分和蛋白质含量 QTL 的

定位[J]. 江苏农业学报，2014，30(6)：1248-1252.

[134] SHANG L G, LIU F, WANG Y M, et al. Dynamic QTL mapping for plant height in upland cotton (*Gossypium hirsutum*)[J]. Plant Breeding, 2015, 134(6)：703-712.

[135] SHANG L G, WANG Y M, WANG X C, et al. Genetic analysis and QTL detection on fiber traits using two recombinant inbred lines and their backcross populations in upland cotton[J]. G3：Genes, Genomes, Genetics, 2016, 6(9)：2717-2724.

[136] SINGH M, SINGH T H, CHAHAL G S. Genetic analysis of some seed quality characters in upland cotton (*Gossypium hirsutum* L.)[J]. Theoretical and Applied Genetics, 1985, 71(1)：126-128.

[137] 王国建，朱军，臧荣春，等. 陆地棉种子品质性状与棉花产量性状的遗传相关性分析[J]. 棉花学报，1996，8(6)：295-300.

[138] 郭宝生，刘素恩，王凯辉，等. 棉花种仁含油量与主要经济性状相关分析(英文)[J]. 棉花学报，2013，25(4)：365-371.

[139] 周有耀. 棉子营养品质与纤维品质的关系[J]. 中国棉花，1993(2)：13-14, 12.

[140] WAYNE L L, GACHOTTE D J, WALSH T A. Transgenic and genome editing approaches for modifying plant oils[J]. Methods in Molecular Biology, 2019, 1864：367-394.

[141] WANG M J, WANG P C, LIANG F, et al. A global survey of alternative splicing in allopolyploid cotton：landscape, complexity and regulation[J]. New Phytologist, 2018, 217(1)：163-178.

[142] YUAN D J, TANG Z H, WANG M J, et al. The genome sequence of sea-island cotton (*Gossypium barbadense*) provides insights into the allopolyploidization and development of superior spinnable fibres[J]. Scientific Reports, 2015, 5(1)：17662.

[143] XIE W H, PANG F, NIU Y F, et al. Functional characterization of an ACCase subunit from the diatom *Phaeodactylum tricornutum* expressed in Escherichia coli[J]. Biotechnology and Applied Biochemistry, 2013, 60(3)：330-335.

[144] LEE A R, KWON M, KANG M K, et al. Increased sesqui-and triterpene production by co-expression of HMG-CoA reductase and biotin carboxyl

carrier protein in tobacco (*Nicotiana benthamiana*)[J]. Metabolic Engineering, 2019, 52: 20-28.

[145] QUEVILLON E, SILVENTOINEN V, PILLAI S, et al. InterProScan: protein domains identifier[J]. Nucleic Acids Research, 2005, 33: W116-W120.

[146] CHOU K C, SHEN H B. Recent progress in protein subcellular location prediction[J]. Analytical Biochemistry, 2007, 370(1): 1-16.

[147] CRONN R C, SMALL R L, WENDEL J F. Duplicated genes evolve independently after polyploid formation in cotton[J]. Proceedings of the National Academy of Sciences, 1999, 96(25): 14406-14411.

[148] CANNON S B, MITRA A, BAUMGARTEN A, et al. The roles of segmental and tandem gene duplication in the evolution of large gene families in *Arabidopsis thaliana*[J]. BMC Plant Biology, 2004, 4: 10.

[149] MAERE S, DE BODT S, RAES J, et al. Modeling gene and genome duplications in eukaryotes[J]. Proceedings of the National Academy of Sciences, 2005, 102(15): 5454-5459.

[150] ZHOU T, WANG Y, CHEN J Q, et al. Genome-wide identification of NBS genes in *japonica* rice reveals significant expansion of divergent non-TIR NBS-LRR genes[J]. Molecular Genetics and Genomics, 2004, 271(4): 402-415.

[151] WEI H L, LI W, SUN X W, et al. Systematic analysis and comparison of nucleotide-binding site disease resistance genes in a diploid cotton *Gossypium raimondii*[J]. PLoS One, 2013, 8(8): e68435.

[152] JIANG H Y, WU Q Q, JIN J, et al. Genome-wide identification and expression profiling of ankyrin-repeat gene family in maize[J]. Development Genes and Evolution, 2013, 223(5): 303-318.

[153] DONG Y T, LI C, ZHANG Y, et al. Glutathione S-transferase gene family in *Gossypium raimondii* and *G. arboreum*: comparative genomic study and their expression under salt stress[J]. Frontiers in Plant Science, 2016, 7: 139.

[154] LYNCH M, CONERY J S. The evolutionary fate and consequences of duplicate genes[J]. Science, 2000, 290(5494): 1151-1155.

[155] WENDEL J F, CRONN R C. Polyploidy and the evolutionary history of cotton [J]. Advances in Agromony, 2003, 78: 139-186.

[156] ZHOU M L, YANG X B, ZHANG Q, et al. Induction of annexin by heavy metals and jasmonic acid in *Zea mays*[J]. Functional and Integrative Genomics, 2013, 13: 241-251.

[157] HIGO K, UGAWA Y, IWAMOTO M, et al. Plant cis-acting regulatory DNA elements (PLACE) database: 1999[J]. Nucleic Acids Research, 1999, 27(1): 297-300.